脂肪肝

全食物調養

章茂森・戴春 主編

萬里機構・得利書局出版

菜餚

湯羹

粥飯

點心

茶飲

www.facebook.com/wanlibk

www.superbookcity.com/wanli

脂肪肝全食物調養

主編
章茂森　戴春

叢書主編
謝英彪　馮翊　章茂森

編輯
黃雯怡

封面設計
任霜兒

版面設計
萬里機構製作部

出版者
萬里機構・得利書局
香港鰂魚涌英皇道1065號東達中心1305室
電話：2564 7511　傳真：2565 5539
網址：http://www.wanlibk.com

發行者
香港聯合書刊物流有限公司
香港新界大埔汀麗路36號中華商務印刷大廈3字樓
電話：2150 2100　傳真：2407 3062
電郵：info@suplogistics.com.hk

承印者
美雅印刷製本有限公司

出版日期
二〇一四年三月第一次印刷

ISBN 978-962-14-5362-4

本書繁體版由人民衛生出版社有限公司授權出版

章茂森、戴春 主編，《保肝和防治脂肪肝美食便方》，
ISBN 978-7-117-16209-8/R・16210© 2013人民衛生
出版社有限公司 北京 中國

圖片來源：萬里機構、陳虎彪、123rf.com

近幾年脂肪肝的發病率在中國迅速上升，成為僅次於病毒性肝炎的第二大肝病。香港衛生署的一項研究顯示，本地非酒精性脂肪肝的整體流行率為15.9%。當中，肥胖、血脂異常、高血壓、超重及糖尿病分別在58.2%、42.6%、38.3%、32.4%及29.1%的個案中出現。與對照組別比較，肥胖、超重及血脂異常人士有非酒精性脂肪肝的風險分別高約25倍、4倍及2倍。

此外，近年來脂肪肝人群呈年輕化趨勢，甚至兒童也受這一疾病困擾。中文大學在2004年的研究數據指出，香港有近八成肥胖兒童患有脂肪肝，當中近兩成更屬於嚴重情況。事隔多年，這批胖童僅約兩成減肥成功，其餘仍無法擺脱脂肪肝的困擾，部分人的病情更由輕微惡化至中等。

脂肪肝是由各種原因引起的肝細胞內脂肪堆積過多的病變，已被公認為隱蔽性肝硬化的常見原因。脂肪肝是一種常見的臨床現象，而非一種獨立的疾病，它常可導致的併發疾病有肝硬化、肝癌、消化系統疾病、動脈粥樣硬化、心腦血管疾病等，並能影響性功能和視力。因此，及時治癒脂肪肝是十分必要的。

脂肪肝的治療除糾正不良生活習慣外，飲食調養是首當其衝的。為此，我們編寫了本書。本書科學、通俗地介紹了脂肪肝的日常飲食調養，汲取傳統醫學的豐富源泉，收集了中國大量傳統方法，包括中藥驗方、美食菜、湯、羹、粥等。這些方法，經過長期的臨床實踐，被證實是簡單而有效的，而且容易為人們所接受。中醫理論對於脂肪肝的飲食調養有其獨特的治療理論和效果，毒副作用少，很值得提倡。

編者

目錄

第二章 防治脂肪肝簡便驗方

第三章 脂肪肝最佳調養食物

第四章　防治脂肪肝常用中藥

第五章　脂肪肝患者的菜餚

第六章　脂肪肝患者的湯羹

第七章　脂肪肝患者的粥飯麵

第八章　脂肪肝患者的點心

第九章　脂肪肝患者的茶飲

第十章　防治脂肪肝的中藥方

第一章

不可不知的
脂肪肝防治知識

脂肪肝基本知識

肝臟是人體內最大的「化工廠」，它承擔着消化、解毒、分泌等重要功能，我們吃進去的營養物質都必須依靠肝臟進行加工。在正常情況下，肝組織一方面吸收體內的游離脂肪酸，將其「加工」為三醯甘油（三酸甘油酯），另一方面，要以脂蛋白的形式把三醯甘油送到血液裏，使其成為人體活動的重要能源。一旦肝臟攝取和轉運脂類物質的過程發生了障礙，脂肪就會在肝臟內聚積起來。所有人的肝組織中都有少量的脂肪，如果肝內脂肪聚積過多，超過了一定的限度，就被稱為脂肪肝。

多種原因可以導致肝細胞內脂肪蓄積，脂肪肝可以是一個獨立的原發性疾病，但更多的是一些全身性疾病累及肝臟的表現，肥胖症、酒精中毒和糖尿病為脂肪肝的3大病因。該病起病隱匿，絕大多數患者症狀不明顯，常在體檢時被發現。目前，現代醫學對本病缺乏特效治療，而中醫藥對此病的防治展現了良好的前景。

隨着臨床超聲波（B超）、電腦掃描（CT）診斷技術的進步和廣泛應用，脂肪肝的檢出率日益增高，發病率不斷攀升，成為僅次於病毒性肝炎的第二大肝病。在某些職業人群中（白領人士、出租車司機、職業經理人、政府官員、高級知識分子等）脂肪肝的平均發病率為25%；肥胖人群與2型糖尿病患者中脂肪肝的發病率為50%；嗜酒和酗酒者脂肪肝的發病率為58%；在經常失眠、疲勞、不思茶飯、腸胃功能失調的亞健康人群中脂肪肝的發病率約為60%。近年來脂肪肝人群的年齡也不斷下降，平均年齡只有40歲，30歲左右的病人也越來越多。45歲以下的脂肪肝患者中男性明顯多於女性。

正確瞭解脂肪肝已刻不容緩，只有呼籲人們提高對脂肪肝危害的認識，才能警醒更多的人從日常生活上進行調整，預防脂肪肝的發生，減低脂肪肝的危害。

脂肪肝的症狀

脂肪肝的臨床表現多樣，輕度脂肪肝多無臨床症狀，易被忽視。據記載，約25%以上的脂肪肝患者臨床上可以無症狀。有的僅是疲乏感，而多數脂肪肝患者較胖，故更難發現輕微的自覺症狀。因此目前脂肪肝病人多於體檢時被檢出。中重度脂肪肝有類似慢性肝炎的表現，可有食慾不振、疲倦乏力、噁心、嘔吐、體重減輕、肝區或右上腹隱痛等症狀。肝臟輕度腫大，可有觸痛，質地稍韌、邊緣鈍、表面光滑，少數病人可有脾大和肝掌。

當肝內脂肪沉澱過多時，肝被膜膨脹、肝韌帶牽拉，而引起右上腹劇烈疼痛或壓痛、發熱、白血球增多，易誤診為急腹症而做剖腹手術。

脂肪囊泡破裂時，脂肪顆粒進入血液也可引起腦、肺血管脂肪栓塞而致突然死亡。若肝細胞脂肪堆積壓迫肝竇或小膽管時，門靜脈血流及膽汁排泄受阻，出現門靜脈高壓及膽汁淤積。

此外，脂肪肝病人也常有舌炎、口角炎、皮膚瘀斑、四肢麻木、四肢感覺異常等末梢神經炎的病變。少數病人也可有消化道出血、牙齦出血、鼻出血等。重度脂肪肝患者可以有腹水和下肢水腫、電解質紊亂如低鈉、低鉀血症等，脂肪肝表現多樣，遇有診斷困難時，可做肝活檢確診。

脂肪肝的九大危害

■**脂肪肝可促進動脈粥樣硬化**：脂肪肝患者常伴有高血脂症，血液黏稠度增加，其中的低密度脂蛋白（LDL）因其分子量極小，很容易穿過動脈血管內膜在血管壁沉澱，使動脈彈性降低，柔韌性減弱，管徑變窄，最終導致血液循環障礙，甚至血管破裂，危及生命。

■**脂肪肝可誘發和加重冠心病、高血壓**：研究表明，酒精性脂肪肝患者合併高血壓、冠心病，容易導致心肌梗塞而猝死。

■**脂肪肝可誘發脂質代謝障礙**：攝入過量的脂肪類食物，缺乏體力活動等造成脂質代謝障礙。

■**脂肪肝對機體消化系統有損傷**：肝、腸、胃、膽都是消化系統的重要器官，機體攝取蛋白、脂肪、糖類三大營養元素都要經過肝臟的代謝，脂肪肝患者肝臟功能受損，長期下去就會累及消化系統。

■**脂肪肝常伴發膽道疾病**：肝臟是分泌膽汁的重要器官，肝臟不好會影響到膽汁的分泌及排泄，出現膽囊功能失衡。臨床上有20%-30%的脂肪肝患者伴隨膽結石、膽囊炎病症。

■**脂肪肝可加重肝臟損害，發展為肝硬化、肝癌等**：脂肪肝是肝臟脂代謝失調的產物，同時又是加重肝臟損傷的致病因素。肝細胞中脂肪堆積，使肝細胞變性、腫大，細胞核被擠壓偏離中心，降低其功能，進而影響其他營養素、激素、維他命的代謝。長期的肝細胞變性會導致肝細胞的損害，進而發展成肝纖維化、肝硬化甚至肝癌。

■**脂肪肝可誘發或加重糖尿病**：脂肪肝是糖尿病常見的併發症之一，糖尿病患者中脂肪肝的發生率達30%。脂肪肝患者的血糖水平明顯高於正常人，肥胖性脂肪肝患者若血糖濃度超過正常水平，雖未達到糖尿病的診斷標準，但一般都認為是糖尿病前期。

■**脂肪肝會降低機體免疫力**：同時還可加重腎臟解毒排毒負擔，常會導致尿酸升高。眾所周知，肝臟、腎臟是人體兩大主要的解毒排毒器官，脂肪肝患者肝細胞變性、壞死，導致肝臟免疫功能下滑，「人體化工廠」出現動力受阻，解毒排毒能力下降，那麼解毒壓力自然會轉向腎臟，腎臟長期超負荷，常出現尿酸升高等腎臟疾病。

■**脂肪肝患者容易感染**：脂肪肝患者肝細胞脂肪變性或壞死，使肝臟的免疫功能下降，脂肪肝患者常伴有肝脾腫大。脾臟也是人體重要的免疫器官，脾大會造成脾功能亢進，脾功能異常抑制了細胞免疫的功能，所以脂肪肝患者由於免疫功能降低，抵抗力差，更容易被感染。

脂肪肝的分類

■**定義**：由於各種原因引起胞內脂肪蓄積過多，肝內脂肪氧化減少，脂肪酸合成增多，引起肝細胞內肝細脂肪堆積所致的肝臟疾病。

■**分類**：脂肪肝一般分為兩類。

第一類是**酒精性脂肪肝**：慢性酗酒是此類脂肪肝最常見的病因。飲酒量和持續時間與酒精性脂肪肝的發生有直接關係，一般進入體內的酒精90%在肝臟代謝，它影響脂肪代謝的各個環節，最終導致肝內脂肪堆積。酒精還對肝臟有直接損害作用，從而影響了脂肪從肝中順利運出而導致脂肪肝。酒精性脂肪肝缺乏特異性臨床症狀，早期無明顯症狀，隨着肝內脂肪浸潤加重，可出現肝區疼痛、乏力、食慾下降、噁心、嘔吐，部分患者出現輕度黃疸等。

第二類是**非酒精性脂肪肝**：非酒精性脂肪肝是一種無大量飲酒史，以肝臟實質細胞脂肪變性和脂肪堆積為特徵的臨床病理綜合症，可以單獨存在，但大多數是全身疾病在肝臟的一種病理過程。主要有以下幾種：

■**肥胖性脂肪肝**：肝內脂肪堆積的程度與體重成正比。約30%-50%的肥胖症合並脂肪肝，重度肥胖者脂肪肝病變率高達61%-94%。肥胖人體重得到控制後，其脂肪浸潤亦減少或消失。這類脂肪肝的治療應以調整飲食為主，基本原則為「一適兩低」，即適量蛋白、低糖和低脂肪，平時飲食注意清淡，不可過飽，適量新鮮蔬菜和瓜果，限制熱量的攝入。同時要加強鍛煉，積極減肥，只要體重下降，肝內脂肪浸潤即明顯好轉。

■**快速減肥性脂肪肝**：禁食、過分節食或其他快速減輕體重的措施可引起脂肪分解短期內大量增加，消耗肝內穀胱甘肽(GSH)，使肝內丙二醛和脂質過氧化物大量增加，損傷肝細胞，導致脂肪肝。研究表明，一般通過純節食減肥或藥物減肥一個月體重下降1/10或以上者，得脂肪肝的可能性非常大，而且一旦停止，體重反彈也會非常快。目前許多年輕人患脂肪肝就是盲目減肥引起的。

■**營養不良性脂肪肝**：營養不良導致蛋白質缺乏是引起脂肪肝的重要原因，多見於攝食不足或消化障礙，不能合成載脂蛋白，以致三酸甘油酯積存肝內，形成脂肪肝。如重症營養缺乏病人表現為蛋白質缺乏性水腫，體重減輕，皮膚色素減退和脂肪肝，給予高蛋白質飲食後，肝內脂肪很快減少；或輸入氨基酸後，隨着蛋白質合成恢復正常，脂肪肝迅速消除。

■**糖尿病脂肪肝**：糖尿病患者中約50%可發生脂肪肝，其中以成年病人為多。因為成年後患糖尿病的患者中有50%-80%是肥胖者，其血漿胰島素水平與血漿脂肪酸增高，脂肪肝變既與肥胖程度有關，又與進食脂肪或糖過多有關。這類病人一方面應該積極採取病因治療，另一方面要求低糖低脂肪低熱卡及高蛋白飲食，病人脂肪熱卡佔總熱卡的25%以下為宜。

■**藥物性脂肪肝**：某些藥物或化學毒物通過抑制蛋白質的合成而致脂肪肝，如四環素、腎上腺皮質激素、嘌呤黴素、環己胺、吐根鹼以及砷、鉛、銀、汞等。降脂藥也可通過干擾脂蛋白的代謝而形成脂肪肝。此類脂肪肝應立即停用該藥，必要時輔以支持治療，直至脂肪肝恢復為止。

■**妊娠脂肪肝**：多在第一胎妊娠34-40周時發病，病情嚴重，預後不佳，母嬰死亡率分別為80%與70%。症狀為嚴重嘔吐、黃疸、上腹痛等，很難與暴發性病毒肝炎區別。及時終止妊娠可使病情逆轉，少數可經自然分娩或剖腹產而脱險。

■**疾病引起的脂肪肝**：結核、細菌性肺炎及敗血症等感染時也可發生脂肪肝，病毒性肝炎病人若過分限制活動，加上攝入高糖、高熱量飲食，肝細胞脂肪易堆積；接受皮質激素治療後，脂肪肝更容易發生。控制感染或去除病因後脂肪肝迅速改善，還有所謂胃腸外高營養性脂肪肝、中毒性脂肪肝、遺傳性疾病引起的脂肪肝等。

脂肪肝的臨床表現

臨床所見的脂肪肝患者，因引起脂肪肝的原因不同，其臨床表現也很不相同，約有25%以上脂肪肝患者，尤其是一些輕度脂肪肝患者，可無任何臨床症狀，故難以被發現，只有中、重度脂肪肝患者，特別是病情較長、病情較重者，症狀比較明顯。脂肪肝的常見臨床表現如下：

■**消化道症狀**：有些患者有食慾減退、噁心、嘔吐、噯氣、體重減輕、疲乏感、食後腹脹，以及右上腹或肝區有疼痛感，且在食後或運動時更為明顯；常有便秘或便稀，也有少數患者有流涎等症狀。

■**維他命缺乏症**：約有50%的脂肪肝患者(多為酒精性脂肪肝)伴有不同程度的維他命缺乏症，如末梢神經炎、舌炎、口角炎、皮膚瘀斑、角化過度等症，維他命缺乏常被認為是由於脂肪肝病人的維他命攝入量不足(飲食中維他命缺乏)；臨床觀察也發現，這些肝臟受損嚴重時，肝組織中維他命含量偏少。

■**體徵**：體檢時可發現脂肪肝患者形體肥胖或消瘦，有50%肥胖者伴有脂肪肝，尤其是中、重度肥胖者。因此，首先呈肥胖外觀者佔多數。他們常感食慾不振、全身乏力，有的面部和眼球結膜有脂質沉着，皮膚油光，舌苔黃膩或舌邊有齒痕；也有一些脂肪肝患者，因營養不良，形體呈消瘦狀。肝臟觸診，有半數以上患者，可觸及肝臟腫大，一般在右肋下2-3厘米，也有極度腫大者。一般無壓痛、少數患者有輕度壓痛或叩擊痛。脾臟腫大者極少見。

■**內分泌失調**：肝臟是許多內分泌激素代謝滅活場所，故脂肪肝患者有時可出現血管痣或蜘蛛病；一般認為，與肝臟對體內雌激素的滅活減弱有關，脂肪肝好轉後，這些痣可隨之消失。此外，可出現與雌激素有關的症狀，如女性月經過多或閉經，男性乳房發育、睪丸萎縮、陽痿等。有的體重明顯增加，但也有減輕的，全身表現可有乏力倦怠、精神不振等症狀。

■**出血傾向**：極少數脂肪肝患者，可出現鼻出血或黑便等。

■**肺腦血管症狀**：偶爾可見脂肪囊腫破裂，而引起肺腦血管脂肪栓塞的症狀，如急性脂肪肝，偶可發生肝性腦病。

■**肝系症狀**：由於脂肪肝病位在肝臟，故當它的病情發展到一定程度時，會出現一些肝系症狀，常見為肝區疼痛、肝脾大、黃疸、肝掌、蜘蛛痣或血管痣等。

脂肪肝的檢測指標

■**血清酶檢查**：血清ALT(丙氨酸氨基轉移酶)和AST(門冬氨酸氨基轉移酶)輕度升高。一般不超過4倍正常範圍，若超過4倍正常範圍，應考慮其他肝損傷因素的存在。AST/ALT的比值，可提示脂肪肝病人有無酒精性損傷的因素存在；血清膽鹼酯酶(ChE)測定，有助於鑒別營養過剩性脂肪肝的病因。

■**血脂檢查**：有高血脂表現，如三醯甘油(TG，又稱三酸甘油酯)升高，低密度脂蛋白—膽固醇(LDL-C)含量升高。

■**膽紅素代謝檢查**：主要測定血清總膽紅素(TBiL)值和血清直接膽紅素(DBiL)值，就可以得到血清間接膽紅素(IBiL)值。不少脂肪肝患者血清總膽紅素升高，少數患者呈現膽汁淤積的表現，如直接膽紅素增高和尿膽紅素增加，鹼性磷酸酶升高。

■**蛋白代謝**：血清總蛋白改變(正常值為60-80克/升)、白蛋白(A，40-55克/升)和球蛋白(G，20-30克/升)的比值(正常值為1.5-2.5：1)有改變，若A/G比值倒置(即A<G)，則說明肝臟損傷嚴重，病變範圍較大。

■**糖耐量試驗(OGTT)和胰島素釋放試驗**：脂肪肝患者存在糖耐量異常和胰島素抵抗等情況。OGTT和胰島素釋放試驗可評估脂肪肝的病因，並可對運動治療等手段的療效進行有效客觀評價。

■**超聲波(B超)檢查**：對診斷脂肪肝最具實用價值。

(1) 超聲波檢查對脂肪肝敏感性高：如脂肪肝組織脂肪化達到10%時，此時超聲波圖像便可出現異常；達到30%-50%以上時，超聲波多可準確診斷。而且，超聲敏感性可達90%；在非纖維化的肝臟中，超聲診斷脂肪肝的敏感性可達100%。

(2) 超聲波檢查費用低廉、操作方便，且無放射性損傷：故超聲波目前已作為脂肪肝的首選診斷方法，並廣泛應用於人群脂肪肝發病率的流行病學普查之中。

■**電腦掃描(CT)檢查**：CT是檢測肝脂肪浸潤的一種靈敏而無創的技術，它可清晰地顯示肝、膽、胰的形態和結構，可確定脂肪肝的有無及程度，且不受腹部脂肪和結腸等含氣臟器的干擾。因此，對診斷脂肪肝比超聲波更準確，但檢查費用較高。

■**磁共振(MRI)檢查**：MRI檢查對脂肪肝的確診並不敏感，難以與正常肝組織分開來，這與肝內含水量不增加有關，但臨床上可利用這一缺點，鑒別CT上難以區分的局灶性脂肪肝和彌漫性脂肪肝或肝臟腫瘤，其MRI對局灶性脂肪肝的診斷最為可靠。MRI可檢出T2時間與肝脂肪含量呈正相關，凡脂肪堆積愈多，MRI的T1．T2時間愈長。

■**病理學檢查**：脂肪肝的病理學檢查，主要是指肝臟穿刺活體檢查(簡稱肝活體檢查)。所謂肝活體檢查，即是通過特製的肝臟穿刺針，取出少量肝臟組織，進行組織病理學檢查的一種方法。肝活檢對於脂肪肝的明確診斷和判斷病變程度，以及瞭解各種疾病的病原學發病機制、併發症和估計預後或評價療效均很重要。病理可見肝細胞內充滿脂滴，胞核偏邊，只有妊娠期和四環素脂肪肝的肝細胞內脂滴小，均勻散布而胞核仍位於中央。

易患脂肪肝的人群

■**嗜酒、酗酒的人**：由於酒精對肝細胞有較強的直接毒害作用，可使脂庫轉運到肝臟的脂肪增加，並減少肝內脂肪的運出，使肝對脂肪的分解代謝發生障礙。所以長期飲酒及酗酒的人，肝內脂肪酸最易堆積於肝臟，造成酒精性脂肪肝。

■**肥胖的人**：肥胖者血液中含有大量游離脂肪酸，源源不斷地運往肝臟，大大超過了肝臟的運輸代謝能力便會引起肝臟脂肪的堆積而造成肥胖性脂肪肝。

■**營養過剩的人**：營養過剩，尤其是偏食葷菜、甜食的人，由於過食高脂、高糖食物，使肝臟負擔增大，干擾了對脂肪的代謝，使平衡狀態發生紊亂，造成營養過剩性脂肪肝。

■**營養不良的人**：人為地節食、長時間的饑餓、神經性厭食、腸道病變引起營養吸收不良、熱能供應不足、蛋白質供應低下，導致脂肪動員增加，大量脂肪酸從脂肪組織釋出進入肝臟，使肝內脂肪蓄積而造成營養不良性脂肪肝。

■**活動過少的中老年人**：進入中老年之後，由於生理功能減退，內臟功能退化，代謝功能下降，若活動及體育鍛煉減少，體內脂肪向能量的轉化隨之減少，過剩的脂肪堆積於肝臟而形成脂肪肝。

■**一些職業人群**：

(1) 白領人士：白領人群中高達30%的人士患有不同程度的脂肪肝。白領人群的工作節奏快，保持坐姿的時間遠遠多於走動的時間，社交活動頻繁。精神緊張、運動減少、加上經常進食高營養的食物，使脂肪在肝臟中過度蓄積，久而久之形成脂肪肝。

(2) 飲食不規律的職業：如司機、警察等，由於職業的特殊性，通常無法正常的一日三餐，體內的營養物質代謝就會發生紊亂，加之工作勞累，養成喝酒緩解緊張情緒的習慣，也容易患脂肪肝。

(3) 廚師：俗話說「十個廚師九個胖」，長年累月地接觸油煙等油膩的東西，又常進食高脂肪的食物易造成營養過剩，而患脂肪肝。

脂肪肝的認識謬誤

1. 脂肪肝不是病

很多人都認為脂肪肝是「富貴病」，無需就醫。多種疾病本身會引起脂肪肝，事實上，即使是單純性脂肪肝，也比正常肝臟脆弱，更容易受到藥物、工業毒物、酒精、缺血以及病毒感染的傷害，從而導致其他類型肝病發生率增高；因此，患上脂肪肝，不可等閒視之。

2. 肥胖的人才患脂肪肝

胖人常常容易患脂肪肝，並不意味着瘦人就能倖免，臨床上也常發現身體削瘦的脂肪肝患者。這是因為長期營養不良，缺少某些蛋白質和維他命，會使體內脂肪動員增加，大量脂肪酸從脂肪組織中釋放出來並進入肝臟，從而使肝內脂肪聚積，形成脂肪肝。

3. 酗酒的人才患脂肪肝

研究表明，長期每日飲酒160毫升以上，將對肝臟造成嚴重傷害；但每日飲酒少於80毫升則不會對肝臟造成損傷，而多於80毫升少於160毫升則要由本人的體質和飲食狀況決定。脂肪肝的發生除與過量飲酒有關外，還與其他多種因素有關，如肥胖症、高血脂症、糖尿病、營養不良等。因此酗酒並不是誘發脂肪肝的唯一因素，不酗酒的人也可能患脂肪肝。

4. 只有高血脂的人才患脂肪肝

有些人在被診斷患有脂肪肝後，發現血脂不高，就以為是診斷有誤。高血脂的人的確易患脂肪肝，但如果病人的脂肪肝與用藥不當、酗酒、營養不良等因素有關，其血脂就不一定高。

5. 脂肪肝病人應該吃素食

對飲酒量和肝臟障礙兩者關係的許多人認為，既然食用過多的油膩食物可誘發脂肪肝，那麼，脂肪肝病人就應該吃素食。其實不然，如果一個人長期吃素，其體內就會缺乏必需脂肪酸等營養物質，從而造成營養不良，影響健康。因此，即使病人的脂肪肝與肥胖、高血脂症等因素有關，也不能靠「一點葷腥都不沾」這種因噎廢食的方法來治療。實踐證明，去除病因，注意飲食平衡，加強體育鍛煉，必要時服用藥物才是治療脂肪肝的關鍵。

6. 脂肪肝需服降脂藥

並非所有脂肪肝患者的血脂都高。脂肪肝一般分為兩大類，一類是酒精性脂肪肝，這類患者中只有小部分人可能出現血脂增高。另一類是非酒精性脂肪肝，其原因比較複雜，包括肥胖、糖尿病、高血脂、藥物及遺傳因素等，還有40%左右原因不明的脂肪肝。也就是說，即使在非酒精性脂肪肝患者中，也只有一部分人的血脂升高。顯而易見，血脂不高的脂肪肝患者服用降血脂藥，對治療脂肪肝沒有任何意義。

7. 減肥就能治好脂肪肝

用減肥的方法治療脂肪肝，對有肥胖症的脂肪肝患者是有好處的。但如果病人的體質瘦弱，則無「肥」可減。另外，減肥能夠幫助肝內脂肪減少；但是炎症和纖維化加重可引起機體代謝紊亂，甚至誘發脂肪性肝炎和肝功能衰竭。值得指出的是，減肥應該是一個循序漸進的過程，如果在短時間內使體重驟減，反而可能導致肝細胞壞死等嚴重後果。

8. 治療脂肪肝依靠保肝藥

目前，市場上「保肝」藥物很多，許多患者經常輾轉於各大醫院或藥房尋求治療脂肪肝的特效藥物；事實上至今國內外尚未發現治療脂肪肝的靈丹妙藥，千萬不要以為單純依靠花錢買藥就可求得健康。

其實，在脂肪肝的綜合治療中，保肝藥物僅僅是一種輔助治療措施，主要用於伴有轉氨酶升高的脂肪性肝炎患者，短期內會有一些作用；但是如果想永遠和脂肪肝說再見，病人就要高度重視和調整飲食、注意運動和養成良好健康的生活習慣。必須指出的是，這些非藥物治療措施需要貫徹終身，否則脂肪肝即使治好了也難免復發。

9. 轉氨酶升高有傳染性

不少人發現脂肪肝時同時伴有轉氨酶升高或其他肝功能異常，很多人擔心脂肪肝到底有沒有傳染性？明白脂肪肝的發病過程，就會明白脂肪肝是由於脂肪過多沉澱於肝細胞而非病毒性肝炎病毒所致，沒有活的肝炎病毒介入，就沒有可能會傳染，這類擔心是完全沒有必要的。

10. 多吃水果有益脂肪肝患者

新鮮水果富含水分、維他命、纖維素和礦物質，經常食用無疑有益於健康；然而，水果保健作用的發揮並不完全依賴於水果的攝入量，因為水果含有一定的糖類，糖類特別是富含單糖和雙糖的水果，長期過多進食可導致血糖、血脂升高，甚至誘發肥胖；因此肥胖、糖尿病、高血脂症和脂肪肝患者不宜多吃這類水果。

11. 不吃肥肉，少吃油就不會得脂肪肝

實際上不僅動物脂肪（肥肉）和植物油會轉化為體內脂肪，而且食物和澱粉在肝內也可以通過一系列的生化反應，轉化為脂肪。當這些物質過剩，超過人體代謝的需要，就會變成脂肪在體內儲存，形成脂肪肝。而對於

脂肪肝病人，則宜給予高蛋白、低脂肪、適量碳水化合物的膳食，輔以富含維他命和纖維素的副食品，並對飲食的量進行控制。

12. 脂肪肝無法治癒

脂肪肝治療的關鍵是早期治療。對酒精性脂肪肝的關鍵是戒酒。對藥物引起的脂肪肝只要去除損肝藥物，脂肪肝就會迅速改善。而肥胖性脂肪肝如能有效控制體重和減少腰圍，則肝內沉澱的脂肪也會很快消退。因此脂肪肝患者應該打消所謂「脂肪肝無法治癒」的錯誤想法。

13. 脂肪肝會發生癌變

脂肪肝本身與原發性肝癌的發生無直接關係。但是，造成脂肪肝的某些病因（如嗜酒、營養不良、藥物及有毒物質損害等）同時也是肝癌的發病因素。據國外資料顯示，30% 的酒精性脂肪肝可發展為肝纖維化，10%-40% 最終會發展為肝硬化。在長期嗜酒者中，有近 60% 的人發生脂肪肝，20%-30% 的人最終將發展為肝硬化。非酒精性脂肪肝發生肝纖維化的幾率為25%，發生肝硬化的機率為1.5%-8.0%，且發展進程相對較慢。非酒精性脂肪肝由於肝硬化發病率低，出現較晚；因此，極少發展為肝癌。

脂肪肝的中醫分型

脂肪肝大致屬於中醫學的「痰證」、「瘀證」、「脅痛」與「積證」等範疇。中醫認為肝失疏泄、脾失健運、水穀不化、聚久成痰濁，留而成瘀，痰瘀互結於脅下而成脂肪肝。

其病變部位在肝，涉及脾、胃、膽、腎。主要病理產物是痰、濕、瘀。辨證分型可指導人們辨證選用食療方，提高食療方效果。常見中醫分型如下：

■肝鬱脾虛型：症見脅肋脹痛，心情抑鬱不舒，乏力，納呆，脘腹痞悶，便溏，舌不紅，苔薄，脈弦或沉細。

此型病人除重視纖維素及微量元素硒、蛋白質、脂肪、糖類的合理攝入，堅持合理的飲食習慣與生活方式，還應重視運用疏肝健脾的食物及食療驗方。

■痰瘀互結型：症見脅部刺痛，乏力，食慾不振，口黏，脘腹痞悶，脅下痞塊，便溏不爽，舌胖大瘀紫，苔白膩，脈細澀。

此型病人除重視纖維素及微量元素硒、蛋白質、脂肪、糖類的合理攝入，堅持合理的飲食習慣與生活方式，還應重視運用化痰散瘀的食物及食療驗方。

■肝鬱氣滯型：症見脅肋隱痛，脘腹痞悶，納呆，口黏，困重乏力，頭暈噁心，便溏不爽，形體肥胖，舌淡紅胖大，苔白膩，脈濡緩。

此型病人除重視纖維素及微量元素硒、蛋白質、脂肪、糖類的合理攝入，堅持合理的飲食習慣與生活方式，還應重視運用疏肝理氣的食物及食療驗方。

■肝腎不足型：症見脅部隱痛，腰膝酸軟，足跟痛，頭暈耳鳴，失眠，午後潮熱，盜汗，男子遺精或女子月經不調，舌質紅，脈細數，脈細或脈沉。

此型病人除重視纖維素及微量元素硒、蛋白質、脂肪、糖類的合理攝入，堅持合理的飲食習慣與生活方式，還應重視運用補益肝腎的食物及食療驗方。

■濕熱內蘊型：症見脘腹痞悶，脅肋脹痛，噁心嘔吐，便秘或黏而不爽，困倦乏力，小便黃，口乾口苦，舌質紅，舌苔黃膩，脈弦滑。

此型病人除重視纖維素及微量元素硒、蛋白質、脂肪、糖類的合理攝入，堅持合理的飲食習慣與生活方式，還應重視運用清熱利濕的食物及食療驗方。

總之，在脂肪肝的治療中，除辨證服藥以外，尤應注意飲食調節，以清淡食物為好，多食富含纖維的素菜，控制總熱量，限制脂肪，減輕體重，促使自己動用體內積存的脂肪。

二 簡便易行的脂肪肝防治方法

脂肪肝的防治方法

對於脂肪肝的預防先要從改變人們的不良生活習慣，特別是不良的飲食習慣着手；只有消除致病因素，改變不良生活習慣，才能促使脂肪肝逐步逆轉。對於症狀較重者，輔以保肝、去脂及抗纖維化藥物治療。具體如下：

■戒酒保肝

長期飲酒及酗酒，脂肪酸最易堆積於肝臟，造成酒精性脂肪肝。因為90%的酒精在肝臟解毒代謝，酒精能影響脂肪代謝的各個環節，最終導致肝內脂肪堆積，導致肝細胞脂肪變性，促進脂肪肝形成。

■飲食規律

飲食方式無規律，如經常不吃早餐，或者三餐飽饑不均會擾亂身體的代謝動態，為肥胖和脂肪肝的發病提供條件。過量的攝食、吃零食、夜食、間食以及過分追求高品位、高熱量的調味濃的食物會引起身體內脂肪過度蓄積，因此也應盡量避免。

■減輕體重

肥胖是大多數脂肪肝患者的宿敵，合理控制體重是預防脂肪肝的首要原則；隨着體重減輕，肝內脂肪浸潤明顯減少，肝功能也隨之改善，減肥還可以改善與肥胖相伴的糖尿病、高血脂症，並使脂肪肝消退。

■治療原發病

糖尿病患者脂肪肝的患病率，是非糖尿病患者脂肪肝患病率的3倍。原因主要是糖尿病患者胰島素分泌相對或絕對不足，血糖升高，糖、脂肪、蛋白質三大物質代謝不正常，機體對糖的利用出現障礙，導致脂肪異化增加，蛋白質代謝負平衡，脂肪在肝中沉澱。糖尿病得到治療，脂肪肝自會好轉；高血脂症若能得到有效控制，也有防治脂肪肝的作用。

■運動療法

平時注意體育鍛煉，多做運動，特別是中老年人，由於各項生理功能減退，各種臟器的功能也退化，代謝功能下降，若活動或體育鍛煉減少，體內由脂肪轉化的能量減少，過剩的脂肪就容易堆積於肝臟，形成脂肪肝。

■藥物治療

治療脂肪肝的藥物很多，主要有降脂性藥物、護肝去脂藥和中醫藥。不過降脂藥只能起輔助治療作用，還需在醫生的指導下合理選用。一些中草藥及中藥方劑對治療脂肪肝和血脂異常也有一定的療效。

脂肪肝的治療原則

目前儘管治療脂肪肝的藥物很多，但仍沒有一種是抗脂肪肝的特效藥。因此，對本病的治療仍強調以消除病因、飲食調理和體育運動為主，中西醫降血脂、護肝和中醫辨證施治以及預防等為輔的綜合性治療措施，一般均能取得較好的效果。

中醫理論認為脂肪肝的發病多因長期過食肥甘厚味，或過量飲酒、傷及脾胃，或久坐久臥、體豐痰盛，脾虛失運，濕痰內聚，或濕熱內蘊，肝失疏泄，氣機不暢，痰濁鬱結，氣滯而血瘀，痰瘀互結，絡脈阻滯而致病。中醫治療以化痰祛濕，活血化瘀，疏肝解鬱，健脾消導為主。治療時根據病情辨證施治，標本兼治，可取得一定的療效。

脂肪肝患者保健要點

1. 禁止飲酒

酒精對人體的影響是弊多利少。首先，酒精含有高熱能，1毫升酒精可以產生7千卡的熱量，是導致肥胖的重要飲食因素。其次，飲酒可導致食慾下降，影響正常進食，以至於發生各種營養素缺乏。還有，酒精的最大危害是損害肝臟，導致脂肪肝，嚴重時還會造成酒精性肝硬化。

此外，長期飲酒還可能使血脂水平升高、動脈硬化；增加心、腦血管疾病發生的危險；增加患高血壓、腦卒中（中風）等危險。白酒中的有毒成分甲醇會直接損害末梢神經，導致各類神經系統疾患。因此，對於脂肪肝患者，必須禁酒。

2. 嚴格戒煙

吸煙的危害首先在於煙草燃燒產生的煙霧中含有上千種有害物質，被吸入人體後，對多種內臟器官包括肝臟都有不同程度的損害，是導致疾病、誘發癌症的主要危險因素之一。作為解毒器官的肝臟，得了脂肪肝後其解毒功能已經下降，而大量的尼古丁在體內蓄積又加重了對肝臟的損害，肝臟的解毒功能就顯得不足了。

另外，脂肪肝患者往往肝內微循環不暢，有瘀滯現象。而尼古丁又可損害循環系統，不但可以使血管痙攣，還可以使血液的黏稠度增加，導致體內微循環障礙。

3. 生活規律，勞逸結合

生活有序，在大腦皮層就會形成相應的條件反射，以保證內臟器官有條不紊地工作。如起居正常，吃飯、睡眠、學習、休息、工作、活動都有一定規律，按部就班，養成習慣；適當進行戶外活動，如輕微的勞動、散步、練太極拳等，同時保持精神樂觀、情緒穩定，則有助於增加食慾，增強體質，提高自身的免疫功能，促進機體新陳代謝的正常進行，這對脂肪肝的恢復能起到很大的作用。

另外，平時適當地看看書，休閒時看看電視；只要時間不過長，對於消除疲勞、放鬆精神是有益的。但不能錯誤地認為，坐着或躺着看書、看電視，人體並沒有運動，這就是休息，時間長一點也無所謂。因為長期過多地開目動神，看書讀報、看電視乃至實驗勞作、埋頭案桌，也會影響肝臟功能，影響身體健康。

4. 飲水得法

對於肥胖性脂肪肝病人來説，每日攝入適量的水有助於腎臟功能的正常發揮及減輕體重、促進肝內脂肪代謝。建議每日飲水量在2000毫升左右，但不要一次飲得過多，以免給消化道和腎臟造成負擔。飲用水的最佳選擇是白開水、礦泉水以及清淡的綠茶、菊花茶等，切不可以用各種飲料、牛奶、咖啡代替。如果是營養過剩性脂肪肝的人，飯前20分鐘飲水，使胃有一定的飽脹感，可降低食慾、減少進食量，有助於減肥。

5. 睡眠充足

臨床觀察發現，多數脂肪肝患者伴有失眠、情緒不穩定、倦怠、乏力等症狀。因此，對於脂肪肝，尤其是重度脂肪肝的治療，應着重強調睡眠的重要性。休息能減少機體體力的消耗，而且能減少活動後的糖原分解、蛋白質分解及乳酸的產生，減輕肝臟的生理負擔。因為臥床休息可以增加肝臟的血流量，使肝臟得到更多的血液、氧氣及營養的供給，促進肝細胞的修復。

6. 保持每日食物的多樣性

脂肪肝患者應該增加而不是減少每日食物種類。各種食物所含的營養成分不完全相同，除母乳外，任何一種天然食物都不能提供人體所需的全部營養素。每日人體需要的營養素超過40種，靠一種或簡單的幾種食物根本不能滿足脂肪肝患者的營養需要。因此按照合理比例，廣泛攝入各類食物，包括穀類、動物性食品、蔬菜和水果、豆類製品、奶類製品和油脂，以達到平衡膳食，才能滿足人體各種營養需要。

■穀類是每日飲食的基礎

對脂肪肝患者而言，穀類應是每日能量的主要來源，應成為每日膳食的基礎。但隨着生活水平的提高，中國很多大城市已經出現動物性食物的消費量超過穀類消費量的傾向；這對脂肪肝及其他一些慢性病的預防和治療極為不利。

■每日進食2兩豆類及其製品

大豆是優質植物蛋白質，其蛋白質含量高達30%-50%，且富含人體需要的8種必需氨基酸，是植物性食品中唯一可與動物性食品相媲美的高蛋白食物。大豆磷脂醯膽鹼（卵磷脂）有促進肝中脂肪代謝，防止脂肪肝形成的作用。它所含有的植物固醇不被人體吸收，且能夠抑制動物膽固醇的吸收。

大豆異黃酮還具有一定的抗氧化作用，這對於脂肪肝患者來說都是必需的。但由於氨基酸不能在體內貯存，過多攝入豆類製品並無實際益處。每日進食2兩左右的豆類製品是適宜的。

■適量進食動物性食物，每周進食2-3次海魚

動物性食物是優質蛋白質、脂溶性維他命和礦物質的良好來源。適量進食動物性食品，不僅不會導致脂肪肝及其他慢性疾病的發生或加重；相反，由於動物性蛋白質的氨基酸模式更適合人體需要，其賴氨酸含量較高，有利於補充穀類蛋白質中賴氨酸的不足；同時魚類（特別是海產魚）所含的不飽和脂肪酸較多，在預防慢性疾病方面有獨到的作用。因此，每日進食1-2兩瘦肉（禁用肥肉和葷油），每周進食2-3次魚（特別是海魚）對防治脂肪肝是有益的。

■每日吃1斤蔬菜和2個水果

蔬菜和水果含有豐富的維他命、礦物質、膳食纖維和天然抗氧化物。建議在食物多樣的原則指導下，多選用紅、黃、深綠的蔬菜和水果，因為它們是胡蘿蔔素、維他命B_2、維他命C等的重要來源。為預防脂肪肝的發生，每日進食500克蔬菜（正餐）和2個水果（加餐）是必需的。應注意的是，水果一般作為加餐食用，也就是在兩次正餐中間（如上午10點或下午3點），不提倡在餐前或餐後立即吃水果，以避免一次性攝入過多的碳水化合物而使胰腺負擔過重。

■每日補充膳食纖維

飲食應粗細搭配，保證有足夠的膳食纖維。增加維他命、礦物質的供給可補充肝病時的缺乏，又有利於代謝廢物的排出，對調節血脂、血糖水平也有良好的作用。應注意的是，膳食纖維並非「多多益善」。過量攝入可能造成腹脹、消化不良，也可能影響鈣、鐵、鋅等元素的吸收，還可能降低蛋白質的消化吸收率。特別是對於脂肪肝患者、胃腸道功能減弱的病人、腸炎和腸道手術的病人、容易出現低血糖，更應注意。

■適量食用橄欖油

橄欖油中單不飽和脂肪酸的含量高達80%，還含有對心血管健康有益的角鯊烯、谷固醇和維他命A原及維他命E等成分。這使得橄欖油有很強的抗氧化、預防心血管疾病的能力。在食用油以橄欖油為主的一些地中海國家，心血管疾病的發病率遠遠低於歐洲其他國家。

此外，最新研究表明，常食用橄欖油還可預防鈣質流失、膽結石、高血壓、減少癌症發病率以及降低胃酸、降低血糖等。因此，橄欖油被譽為「綠色保健食用油」也是實至名歸的。

7. 不宜多吃大蒜

大蒜裏含的某些成分，對胃腸道有刺激作用，可抑制胃消化酶的分泌，影響食慾和食物的消化吸收。大蒜中的揮發油可使血液中的紅血球、血紅蛋白減少，嚴重時還會引起貧血，這對於脂肪肝患者的治療和康復是不利的。所以，脂肪肝患者在患病期間應少食用大蒜。

8. 保持大便通暢

肝臟是解毒的器官，具有重要的解毒功能；即體內代謝產生的毒性物質如氨、膽紅素、某些激素以及服用的某些藥物、酒精等，都要經過肝臟處理，變成無毒或微毒、易於溶解的物質，最終從尿或大便中排出體外。同時，一切在胃腸道內消化吸收的物質，都要經過門靜脈運送至肝臟加工。

很多食物和藥品，在腸內腐敗、發酵常產生有毒物質。當肝臟有病變時，解毒能力相應下降。病人如伴有便秘，由於腸道內細菌繁殖增加，毒性物質會大量產生，迫使肝臟負擔加重，以致延緩肝臟功能的恢復。因此，脂肪肝患者必須保持大便通暢，防止習慣性便秘，以利毒性物質從體內排出，減輕肝臟的負擔。

脂肪肝飲食調養原則

1. 病因不同，調養的主要原則應不同

肥胖、高血脂症、2型糖尿病所致的營養過剩性脂肪肝患者，應嚴格控制總熱量和脂肪的攝入；酒精性脂肪肝，戒酒是最重要；營養不良者，全胃腸外營養及藥物、毒物等所致脂肪肝，則應增進食慾，改善胃腸功能，合理增加營養，應給予高蛋白、高維他命飲食。

2. 保證高蛋白攝入量

蛋白質中富含必需氨基酸（如賴氨酸、蛋氨酸、蘇氨酸、胱氨酸、色氨酸等）有抗脂肪肝作用，蛋白質還可提供膽鹼、蛋氨酸等抗脂肪肝因子，增加載脂蛋白的合成，使脂肪變成脂蛋白，繼而運出肝臟，可防止肝脂肪浸潤，有利於肝細胞的恢復和再生。

此外，高蛋白又能為肝臟提供合成白蛋白的原料，提高血漿白蛋白水平，有利於糾正重度脂肪肝或合併肝硬化者出現的低蛋白血症和腹水。蛋白質應佔總能量的15%-20%，其中1/3為動物蛋白。蛋白質的每日攝入量以90-120克為宜。供給蛋白質的食物可選用瘦肉類（如兔肉、瘦牛肉、瘦豬肉、雞肉等）、牛奶、魚蝦類、雞蛋白及少油豆製品（如豆腐、豆乾、速溶豆漿粉等）等。

3. 適當控制高脂食物

適量脂肪有抑制肝內脂肪酸合成的作用；但食入過多脂肪，可使熱量增高，對脂肪肝不利。健康人膳食結

構中由脂肪提供的能量不應超過30%（以20%-25%為宜），其中包括食物本身的脂肪與烹調油在內。成人脂肪供給，以每天50克左右為宜；其中飽和、單飽和和不飽和脂肪酸之間的比例以1：1：1較合適。富含飽和脂肪酸的食物有豬油、牛油、羊油、奶油和黃油等，如飲食中飽和脂肪酸過多，可誘發肥胖、糖尿病、脂質代謝異常、動脈粥樣硬化和高血壓病等；富含單不飽和脂肪酸的食物有菜籽油、茶油和橄欖油；富含多不飽和脂肪酸的有豆油、花生油和芝麻油等。

另外，富含膽固醇的食物有動物內臟（肺、肝、腎、胰、心等）及魚子、蛋黃、腦髓等。高單價不飽和脂肪酸，在改善糖、脂肪代謝上比高糖類飲食效果更佳。因此，飲食中應以植物脂肪為主，因為植物油中富含亞油酸、亞麻酸及EPA（2025）和DHA（2226）等多價不飽和脂肪酸，儘可能多攝取單不飽和脂肪酸，極力限制飽和脂肪酸的攝取量，膽固醇應限制在300毫克/日以內，高膽固醇血症者應限制在150毫克/日以內。

4. 控制糖類飲食，限制單糖和雙糖攝入

能量攝入要合理控制，能量攝入不夠，就無法保證兒童青少年正常生長發育及維持成年人正常體力和生理功能；但攝入過高能量可使患者體重增加，脂肪合成增多，從而加速肝細胞脂肪變性。一般人需糖量為2-4克/千克體重（佔總能量50%-60%），膳食中的糖類，主要來源為米、麵等主食。研究表明，高糖類，尤其是高蔗糖營養，可增加胰島素分泌，促進糖轉化為脂肪，促使肝內脂肪滴的形成，長期進食可誘發或加重脂肪肝，較易造成肥胖、脂肪肝、高血脂症及齲齒等。因此，脂肪

肝患者應攝入低糖食品，禁食富含單糖和雙糖的食品（如高糖糕點、乾棗、糖果及冰淇淋等）以促進脂肪消退。

5. 增加膳食纖維攝入量

膳食纖維可促進腸道蠕動，有利於排便；它與膽汁酸結合，增加糞便中膽鹽的排出，有降低血脂和膽固醇的作用；它可降低糖尿病者空服血糖水平與改善糖耐量曲線；還可增加飽腹感，防止能量入超，有利於患者接受飲食管理。

膳食纖維的來源為粗雜糧（如粟米粉、粗麥粉、米糠、麥麩）、乾豆類、海帶、蔬菜和水量等。我們大多數人的飲食中每日含膳食纖維10-30克，脂肪肝患者的膳食纖維可從每日20-25克增至40-60克。但值得注意的是長期攝入過高膳食纖維，可導致維他命和無機鹽缺乏。

6. 增加維他命及微量元素的攝入

多種維他命能保護肝細胞，防止毒素對肝細胞的損害。其中維他命B雜和維他命E參與肝臟脂肪代謝，並對肝細胞有保護作用；維他命A和β-胡蘿蔔素可防治肝纖維化。微量元素硒與維他命E聯用，有調節血脂代謝，阻止脂肪肝形成及提高機體氧化能力的作用，對高血脂症也有一定的防治作用。

肝臟病人，維他命貯存能力下降，應及時補充；因此脂肪肝患者應多進食富含各種維他命的食物，如新鮮的黃、綠色蔬菜、水果和菌藻類食物，並盡量在餐前或兩餐之間饑餓時進食，以減少主食進食量。

第二章

防治脂肪肝簡便驗方

黃芪荷葉山楂飲

黃芪 12 克，荷葉 15 克、山楂 15 克，首烏 10 克，生大黃 6 克，白芥子 12 克，延胡索 12 克。將上藥洗淨置鍋內加適量清水，共煎之。

食用方法：取 200 克汁代茶飲。

功效：益氣化瘀，降脂化濁，止痛。適用於脾氣虛弱型脂肪肝。

西瓜皮荷葉飲

新鮮西瓜皮 250 克（或乾西瓜皮 100 克），鮮荷葉 30 克。將西瓜皮、荷葉洗淨，同入鍋，加水適量，煎煮 30 分鐘即成。

食用方法：上下午分飲。

功效：清熱解暑，潤澤肌膚，減肥美容。適用於各型脂肪肝，對伴有單純性肥胖症、高血壓病、高血脂症者尤為適宜。

丹參山楂飲

丹參、山楂各 15 克，檀香 9 克，炙甘草 3 克，蜂蜜 30 毫升。佛手、香櫞加水煎，去渣取汁加蜂蜜，再煎幾沸。

食用方法：每日 2 次。

功效：活血化瘀、疏肝健脾。適用於瘀血阻絡型脂肪肝。

陳皮二紅飲

陳皮、紅花各 6 克，紅棗 5 枚。

食用方法：水煎，取汁代茶飲。

功效：活血化瘀、行氣化痰。適用於氣滯血瘀型脂肪肝。

陳皮青皮飲

陳皮 20 克，青皮 15 克，白糖 10 克。將陳皮、青皮洗淨，切成小塊，放入容器內，然後用開水泡上，待入味，加白糖拌勻即成。

食用方法：上下午分服。

功效：疏肝解鬱，消暑順氣。適用於肝鬱氣滯型脂肪肝。

何首烏飲

製何首烏 6 克。將製何首烏切薄片後，沖入沸水沖泡 15 分鐘即成。

食用方法：代茶頻飲，連用 3 個月為一療程。

功效：滋補肝腎，降脂化濁，軟化血管。適用於肝腎陰虛型脂肪肝。長期服用需監測肝功能。

山楂化脂茶

山楂、麥芽各 30 克，茶葉 5 克，荷葉 6 克。將洗淨的山楂及麥芽置於鍋內，加水煎 30 分鐘，然後加入茶葉和洗淨的荷葉，煮 10 分鐘，倒出藥汁備用。渣中加水再煎取汁液，將 2 次汁液混勻即成。

食用方法：代茶頻頻飲用，當日飲完。

功效：平肝降壓，消食降脂。適用於各型脂肪肝，對伴有高血脂症、高血壓病、單純性肥胖症等病症者尤為適宜。

山楂綠茶

鮮山楂 3 顆，綠茶 3 克。將鮮山楂揀去雜質，洗淨，切成片，並將其核敲碎，與茶葉同放入杯中，用沸水沖泡，加蓋燜 15 分鐘即成。一般可沖泡 3-5 次。

食用方法：代茶飲。

功效：消食健胃，行氣散瘀，解毒降脂。適用於氣血瘀阻型脂肪肝。

山楂茶

取生山楂 15 克，切片，加水 250 毫升，煎 20-30 分鐘後，裝入保溫杯。

食用方法：代茶飲服，每日 1 劑。

功效：山楂酸甘能生津止渴，又有較好的降血脂作用。

澤瀉烏龍茶

澤瀉 15 克，烏龍茶 3 克。將澤瀉加水煮沸 20 分鐘，取藥汁沖泡烏龍茶即成。一般可沖泡 3-5 次。

食用方法：每日 1 劑，當茶頻頻飲用。

功效：護肝消脂，利濕減肥。適用於痰濕內阻型脂肪肝。

蠶豆殼茶

蠶豆殼 15 克，紅茶葉 3 克。將蠶豆殼、紅茶葉放入茶杯中，用沸水沖泡即成。

食用方法：代茶頻頻飲用。

功效：清熱利濕，減肥降脂。適用於各型脂肪肝、高血脂症等。

調脂茶

丹參、決明子、生山楂三味按 3：2：1 的比例進行配製，沸水沖泡 10 分鐘後飲用。

食用方法：長期代茶飲。

功效：活血，通絡，消脂。可以改善脂肪肝患者乏力、腹脹、肝區不適等症狀。

大黃茶

製大黃 2 克，蜂蜜 10 克。將製大黃洗淨，曬乾或烘乾，研成極細末，備用。每次取 1 克大黃細末，倒入大杯中，用沸水沖泡，加蓋燜 15 分鐘，兑入 5 克蜂蜜，拌和均勻即成。

食用方法：沖茶飲，每日 2 次，當日飲完。

功效：清熱瀉火，止血活血，祛瘀降脂。適用於肝經濕熱型及氣血瘀阻型脂肪肝等。

金橘茶

金橘餅 1 個，切薄片。取 1 個帶蓋大碗，然後放入橘餅，以沸水沖泡，加蓋泡汁即成。

食用方法：代茶飲。

功效：理氣解鬱，消食健脾。適用於肝鬱氣滯型脂肪肝。

白蘿蔔汁

白蘿蔔 1000 克。將白蘿蔔放入清水中，浸泡片刻後反覆洗淨其外表皮，用溫開水沖洗後連皮切成小丁塊狀，放入榨汁機中，壓榨取汁即成。

食用方法：隨意飲用。

功效：護肝消脂，順氣消食。適用於各型脂肪肝。

蘋果蘿蔔汁

蘋果 100 克，蘿蔔葉 25 克，胡蘿蔔（紅蘿蔔）80 克。將胡蘿蔔洗淨切片，蘋果洗淨，去皮、核後切成小塊，蘿蔔葉洗淨切成碎末，一同放入榨汁機中，攪打 10 分鐘，倒入杯中即成。

食用方法：隨意飲用。

功效：補血安神，護肝降脂。適用於各型脂肪肝。

大蒜生蘿蔔汁

生大蒜頭 60 克，生蘿蔔 120 克。將大蒜瓣洗淨、切碎，剁成大蒜糜汁，備用。將生蘿蔔洗淨，連皮切碎，放入榨汁機中攪壓取汁，用潔淨紗布過濾後，將蘿蔔汁與大蒜糜汁充分拌勻，也可加少許紅糖調味即成。

食用方法：隨意飲用。

功效：殺菌消炎，化濕降脂。適用於各型脂肪肝。

芹菜汁

新鮮芹菜（包括根、莖、葉）500 克。將新鮮芹菜洗淨，晾乾，放入沸水中燙泡 3 分鐘，切細後搗爛，取汁即成。

食用方法：經常飲用。

功效：平肝降壓，利濕祛脂。適用於肝經濕熱型脂肪肝。

大蒜酸牛奶

牛奶 100 毫升，糖醋大蒜頭 1 個，蜂蜜 10 毫升。將糖醋大蒜頭掰瓣，去膜，剁成糜糊狀，與酸牛奶、蜂蜜充分混合均勻即成。

食用方法：早晨頓服。

功效：行氣消食，散瘀降脂。適用於各種類型的脂肪肝。

粟米魔芋牛奶

鮮嫩粟米 150 克，牛奶 250 毫升，魔芋精粉 2 克。將鮮嫩粟米洗淨，裝入研磨容器中，搗爛呈泥糊狀，放入砂鍋，加水適量，中火煨煮 30 分鐘，用潔淨紗布過濾，將濾汁盛入鍋中，再兑入牛奶，加魔芋精粉，拌勻，用小火煨煮至沸即成。

食用方法：早晚分服。

功效：健脾減肥，降糖降脂。適用於各種類型的脂肪肝，對肥胖性脂肪肝尤為適宜。

海帶決明子湯

海帶 20 克，決明子 15 克。將海帶水浸 24 小時後洗淨，切絲；決明子搗碎。兩味同煎湯即成。

食用方法：每日 1 劑。

功效：平肝潛陽，降低血脂，軟堅散結。吃海帶飲湯。適用於各型脂肪肝。

淮山豆腐湯

淮山 200 克，豆腐 400 克。將淮山去皮，切成小丁。豆腐用沸水燙後切成丁。炒鍋上火，放油燒熱，爆香蒜蓉，倒入淮山丁煸炒，加水適量，煮沸後下豆腐丁，加入鹽、醬油，燒至入味，撒入葱花，淋上麻油，出鍋即成。

食用方法：佐餐食用。

功效：補中益氣，清熱利尿。適用於各型脂肪肝及高血脂症、糖尿病等。

綠豆海帶湯

綠豆 100 克，海帶 60 克，大米 120 克，陳皮 3 克，白糖適量。海帶浸透，洗淨，切絲。綠豆、大米、陳皮分別（浸軟）洗淨。把全部用料放入沸水鍋內，大火煮沸後轉小火熬成粥，加白糖，再煮沸即可。

食用方法：早晚餐分食。

功效：清熱解暑，祛脂減肥。適用於肝經濕熱型脂肪肝。

山楂蓮子湯

蓮子 100 克，山楂 50 克，白糖適量。蓮子泡發，去芯。山楂洗淨，切片。蓮子、山楂入鍋內，加入適量清水，大火煮沸，改小火煮 50 分鐘，加入白糖攪勻。

食用方法：代茶頻飲。

功效：健脾消食，平肝潛陽。適用於各型脂肪肝及高血壓等病。

黑魚冬瓜湯

黑魚 1 條，冬瓜 250 克。將黑魚洗淨，去鱗和腸雜，冬瓜切塊，然後一起入鍋煮，加調味品。

食用方法：分 2 次服食。

功效：保肝降脂。適用於各型脂肪肝。

菠菜蛋湯

菠菜 200 克，雞蛋 2 個，鹽適量。將菠菜洗淨，入鍋內煸炒，加適量水，煮沸後打入雞蛋，加鹽、調味。

食用方法：佐餐食。

功效：保肝降脂。適用於各型脂肪肝。

香菇湯

鮮香菇 90 克。將香菇洗淨後，置鍋內用植物油和鹽炒過，加水煮湯，沸後加入調味。

食用方法：飲湯食菇，每日 1 劑，連用 2-3 個月為一療程。

功效：降低血脂。適用於各型脂肪肝。

淮山綠豆羹

淮山 100 克，綠豆 50 克，蜂蜜 30 毫升。將淮山洗淨，刮去外皮，切碎，搗爛成糊狀，備用。將綠豆淘洗乾淨後放入砂鍋，加水適量，中火煮沸後，改用小火煨煮至熟爛呈開花狀，調入淮山糊，繼續煨煮 10 分鐘，離火後兑入蜂蜜，拌和成羹即成。

食用方法：每日早晚分食。

功效：清熱健脾，降脂降壓。適用於脾氣虛弱型脂肪肝。

綠豆蒲黃奶羹

綠豆粉 100 克，牛奶 200 毫升，蒲黃 10 克。將綠豆粉用清水調成稀糊狀，放入鍋中邊煮邊調，使成綠豆羹糊狀，兑入牛奶，並加蒲黃，改用小火煮成稀糊狀，用濕澱粉勾兑成羹即成。

食用方法：早晚餐食用。

功效：補虛通脈，散瘀降脂。適用於肝經濕熱型脂肪肝。

桂花甜橙羹

甜橙 250 克，白糖、濕澱粉、桂花糖各適量。將甜橙洗淨，去皮、核，去筋，切成小丁。鍋上火，加入清水、白糖煮沸，撇去浮沫，加入甜橙、糖桂花，用濕澱粉勾芡，起鍋裝碗即成。

食用方法：當點心食用。

功效：可疏肝理氣，適用於肝鬱氣滯型脂肪肝。

赤豆燕麥粥

燕麥片 100 克，赤小豆 50 克。將赤小豆去雜，洗淨，放鍋內，加水適量，煮至赤小豆熟爛開花，下入燕麥片攪匀即成。

食用方法：佐餐食用。

功效：健脾利水，降糖減肥。適用於各型脂肪肝，對伴有糖尿病、高血脂症、高血壓病者尤為適宜。

銀杏葉粥

取銀杏葉（乾品）20 克，洗淨，放入紗布袋，與淘洗乾淨的小米 100 克一同放入砂鍋，加適量清水，大火煮沸後改用小火煮 30 分鐘，取出藥袋，繼續用小火煮至小米酥爛、粥黏稠時即成。

食用方法：早晚餐食用。

功效：化瘀降脂，益腎養心。適用於氣滯血瘀型脂肪肝。

三仙粥

焦山楂、焦麥芽、焦穀芽各 30 克，大米 100 克。將焦山楂、焦麥芽、焦穀芽與洗淨的大米同入鍋中，加水煮成稠粥。

食用方法：早晚餐食用。

功效：消食開胃，祛瘀減肥。適用於各型脂肪肝及高血脂症。

枸杞粥

枸杞子 30 克，大米 60 克。先將大米煮成半熟，然後加入枸杞子，煮熟即可食用。

食用方法：佐餐食用。

功效：補肝益腎，養血，益精明目，潤肺。有保肝護肝、促進肝細胞再生的功效。

首烏糊

取何首烏粉 20-30 克，用涼開水調和，再用沸水沖，邊沖邊調，或再煮片刻。

食用方法：食時加少量白糖，每日 1 次。

功效：滋養肝腎、延年益壽、黑髮美容功效，可以降血脂，保護肝功能。

丹參陳皮膏

丹參 100 克，陳皮 30 克，蜂蜜 100 毫升。丹參、陳皮加水煎，去渣取濃汁加蜂蜜收膏。

食用方法：每次 20 毫升，每日 2 次。

功效：活血化瘀，行氣祛痰。適用於氣滯血瘀型脂肪肝。

螺旋藻

螺旋藻可研粉吞服，或研粉後裝入膠囊吞服，也可泡茶或煮粥，或製成糕點等。

食用方法：當小吃食用。

功效：抗脂肪肝，降低血脂，預防高血脂症，防止動脈粥樣硬化。

糖醋花生

花生米（連皮）500 克，香醋 300 克，紅糖 30 克。先將花生米洗淨曬乾，備用。將香醋倒入有蓋大玻璃廣口瓶中，加入紅糖，攪拌均勻，放入花生米，加蓋，每日振搖 1 次，浸泡 7 日後即可食用。

食用方法：每日 2 次，每次 20 粒，噙入口中，緩緩細嚼咽下。

功效：解毒化痰，益氣補虛，散瘀降脂。主治各種類型的高血脂症、脂肪肝，對中老年脾氣虛弱、肝經濕熱型脂肪肝患者尤為適宜。

炸洋葱

洋葱 250 克。將洋葱頭除去外皮，洗淨後，整個洋葱頭橫切成圓盤狀，放大盤，撒入鹽、麵粉，拌勻，待用。鍋置火上，加植物油，中火燒至四成熱，下洋葱頭片炸數分鐘，炸至將熟時改用大火稍炸，撈出控淨油，拌入鹽等調料，盛入碗中即成。

食用方法：佐餐當菜，隨意服食，當日吃完。

功效：活血化瘀，降脂降壓。主治高血脂症、脂肪肝伴高血壓病，對氣滯血瘀型高血脂症、脂肪肝患者尤為適宜。

第三章

脂肪肝
最佳調養食物

芹菜

又名藥芹、蒲芹等。為傘形科一年生或二年生草本植物芹菜的莖、葉及全株。

食療功效

芹菜性味甘、苦、涼。歸胃、肝二經，有平肝清熱、袪風利濕等功效。

烹飪貼士

① 選購芹菜應挑選梗短而粗壯，菜葉翠綠而稀少者。
② 芹菜可炒，可拌，可熬，可煲；還可做成飲品。
③ 芹菜葉中所含的胡蘿蔔素和維他命C比莖多，因此吃時不要把能吃的嫩葉扔掉。

飲食宜忌

脾胃虛弱者不宜多食；胃及十二指腸潰瘍、慢性低血壓病患者慎食。

保肝原理

芹菜營養豐富，蛋白質、鈣和鐵的含量較高，分別為番茄的2倍、10倍和20倍。值得高度重視的是，芹菜葉片中的營養成分有11項高於葉柄；所以芹菜嫩葉，即使稍老的葉片也不應丟棄，可浸泡後用沸水焯一下，除去苦味再行烹飪。其所含豐富的維他命P，可加強維他命C的作用，具有降壓和降血脂作用。

黃花菜

又名萱草、金針菜，是一種百合科多年生草本植物的花蕾。

食療功效

黃花菜味甘，性平，有小毒，《昆明民間常用草藥》記載：「治小便不利、水腫、黃疸、淋病、衄血、吐血，黃花菜根三至五錢，水煎服。

烹飪貼士

① 黃花菜可做湯，配合雞蛋等。
② 黃花菜還可加入大米中燉粥食用。
③ 黃花菜常與木耳、竹筍一起炒食。
④ 黃花菜還適用於涼拌(應先焯熟)、炒、汆湯或做配料。

飲食宜忌

① 新鮮黃花菜中含有秋水仙鹼，可造成胃腸道中毒症狀，故不能生食。吃前要用開水焯一下，再用涼水浸泡2小時以上。食用時要徹底加熱，每次食量不宜多。
② 患有皮膚瘙癢症的人群忌食。

保肝原理

每100克乾黃花菜中含蛋白質10.1克，脂肪1.6克，碳水化合物62.6克，比番茄和大白菜高10倍。維他命A的含量比胡蘿蔔高1.5-2倍。此外，粗纖維、磷、鈣、鐵及礦物質的含量也很豐富。黃花菜與木耳、香菇和芥蘭片稱為乾菜的「四大金剛」，對人體健康頗有益處。

黃瓜

又稱胡瓜、青瓜，也叫刺瓜等。為葫蘆科一年生蔓性草本植物黃瓜的幼果具刺的栽培種。

食療功效

黃瓜味甘性寒，入胃與小腸經，具有清熱止渴，利水消腫，清火解毒的功效。

烹飪貼士

① 黃瓜當水果生吃，不宜過多。

② 黃瓜中維他命較少，因此常吃黃瓜時應同時吃些其他的蔬果。

③ 黃瓜蒂部含有較多的苦味素，有抗癌作用，所以不要把黃瓜蒂部全部丟掉。

飲食宜忌

脾胃虛寒者不宜；高血壓患者不可食醃黃瓜。

保肝原理

黃瓜含水量為98%，只含有微量的胡蘿蔔素、維他命C及不多的糖類、蛋白質、鈣、磷、鐵等。黃瓜還含有細纖維素，對促進腸道中腐敗食物的排泄和降低膽固醇有着一定的作用。黃瓜富含丙醇二酸能抑制糖類物質轉化為脂肪，這對防治脂肪肝的發生具有重要意義。

番茄

又稱西紅柿，為茄科一年生或多年生草本植物番茄的成熟果實。

食療功效

番茄性味甘酸，微寒，入肝、胃經，有生津止渴、健胃消食、清熱解暑、涼血平肝等功效。

烹飪貼士

① 新鮮成熟的番茄，將外表皮用溫水反覆洗淨後，生食尤佳；勿將外皮丟棄，外皮及番茄肉質均含有番茄果膠，且外皮所含膳食纖維較多，其降脂作用明顯。
② 在烹飪操作中，應盡量急火快炒，以免維他命等遭到破壞；在煨煮、製羹或做湯餚前，先將洗淨的番茄切片，放入熱油鍋先煸數分鐘則更好。
③ 酸奶的蛋白質成分能促進鐵的吸收，因此把酸奶和番茄搭配在一起榨出的番茄酸奶汁是提高體內鐵元素吸收的良好來源，可有效補血。
④ 燒煮時加醋，能破壞其中的有害物質番茄鹼。

飲食宜忌

① 番茄偏寒，脾胃虛寒者不宜多食。
② 不宜與黃瓜(青瓜)同食，會破壞番茄的維他命C。
③ 服用肝素、雙香豆素等抗凝血藥物時不宜食。

保肝原理

番茄中的纖維素可促進胃腸蠕動和促進膽固醇由消化道排出體外，因而具有降低血膽固醇和通便的作用，適合脂肪肝患者食用。

冬瓜

又稱白瓜、白冬瓜、濮瓜、東瓜、枕冬。為葫蘆科攀援草本植物冬瓜的果實（或果肉）。

食療功效

《神農本草經》記載：冬瓜性微寒，味甘淡無毒，入肺、大小腸、膀胱三經。能清肺熱化痰、清胃熱、除煩止渴，甘淡滲利，去濕解暑，能利小便，消除水腫。

烹飪貼士

煎湯，煨食，做藥膳，搗汁飲；或用生冬瓜外敷。

飲食宜忌

① 冬瓜性涼，不宜生食。
② 冬瓜是一種清熱利尿的理想食物，連皮一起煮湯，效果更明顯。

保肝原理

冬瓜含有豐富的的蛋白質、糖類、粗纖維、礦質元素、胡蘿蔔素、維他命B_1、維他命B_2、維他命C等成分。其礦質元素中含鉀量顯著高於含鈉量，屬典型的高鉀低鈉型蔬菜，對需進食低鈉鹽食物的腎臟病、高血壓、水腫病患者大有益處；冬瓜中含有一種叫作丙酮二酸的物質，能阻止人體內脂肪的堆積，有利於減肥和防治脂肪肝。

洋蔥

又名葱頭、玉葱等。為百合科二、三年生或多年生草本植物洋蔥的鱗莖。

食療功效

洋蔥性味甘辛平，有清熱化痰、解毒殺蟲等功效。

烹飪貼士

① 洋蔥切去根部，剝去老皮，洗淨泥沙，生、熟食均可。
② 洋蔥在加工時，常有刺激性氣體散發出來，直沖眼睛時會使人流淚不止；因此，在細切洋蔥絲時宜在濕水後操作。
③ 為了保持其有效成分不丟失，烹飪中宜急火溜炒，或在其他配菜製作好的情況下，將洋蔥絲等一同放入，溜炒片刻即成。

飲食宜忌

凡肺胃有熱、陰虛及目昏者，應慎食洋蔥。

保肝原理

每百克葱頭中含蛋白質1.8克，碳水化合物8克，鈣40毫克，磷50毫克，鐵1.8毫克，維他命C 8毫克及少量的胡蘿蔔素、硫胺素、菸酸等。洋蔥幾乎不含脂肪，所含的烯丙二硫化物不僅具有殺菌功能，還可降低人體血脂，有效地防止血管內血栓的形成；所含的前列腺素A對人體也有較好的降壓作用，硫氨基酸具有降低血脂和血壓的功效。

大蒜

又名胡蒜、蒜頭等。為百合科多年生草本植物大蒜的鱗莖，有「強力降脂佳蔬」的美稱。

食療功效

大蒜性味辛溫，入脾、胃、肺經，有行滯氣、暖脾胃、消癥積、解毒殺蟲等功效。

烹飪貼士

① 大蒜頭的吃法很多，可生食、搗茸食、煨食、煎湯飲等，醫學專家認為，多吃青蒜、蒜苗、蒜薹等，亦具有較好的防治肥胖症功效。
② 發了芽的大蒜食療效果甚微，醃製大蒜不宜時間過長，以免破壞有效成分。
③ 在菜餚煮熟起鍋前，放入一些蒜末，可增加菜餚美味。
④ 在燒魚、煮肉時加入一些蒜塊，可解腥、去除異味。
⑤ 做涼拌菜時加入一些蒜茸，可使香辣味更濃。
⑥ 將芝麻油、醬油等與蒜茸拌勻，可供吃涼粉、餃子時蘸用。
⑦ 辣素怕熱，遇熱後很快分解，其殺菌作用降低；因此，預防和治療感染性疾病應該生食大蒜。

飲食宜忌

凡陰虛火旺者，及患目、口齒、喉、舌諸疾病的患者均忌食。

保肝原理

所含的揮發性辣素，可清除積存在血管中的脂肪，抑制膽固醇的合成。大蒜精油有明顯的降血脂作用，能阻止血栓形成。適量食用有益於脂肪肝患者。

大豆

又名黃豆、黃大豆等，是世界上最重要的豆類。

食療功效

大豆性味甘，平，歸脾、腎、大腸經，有健脾寬中、潤燥消水、清熱解毒、活血祛風等功能。

烹飪貼士

① 用大豆製作的食品種類繁多，可用來製作主食、糕點、小吃等。將大豆磨成粉，與米粉摻和後可製作團子及糕餅等，也可作為加工各種豆製品的原料，如豆漿、豆腐皮、豆腐、大豆芽等，既可供食用，又可以榨油。
② 大豆可生出大豆芽。大豆芽炒、拌、煮皆可食用，經常吃大豆芽可以預防心腦血管疾病，有健腦、抗癌等作用。還是很好的減肥、美容食品。

飲食宜忌

大豆不宜生食，夾生大豆也不宜吃，不宜乾炒食用。食用大豆芽時宜高溫煮爛，不宜食用過多，以免妨礙消化而致腹脹。

保肝原理

大豆脂肪中所含的磷脂，可降低血液中膽固醇含量、血液黏度，促進脂肪吸收，有助於防治脂肪肝和控制體重，豆渣、豆皮中所含的大豆皂甙可促進人體內膽固醇和脂肪代謝，降低過氧化脂質的生成。

此外，豆渣含熱量低、含纖維素高，在腸道具有吸附膽固醇的作用，並能使膽固醇轉變為糞便排出。大豆蛋白含人體8種必需氨基酸，是少見的優質高鉀食品。

赤豆

又名紅豆，赤小豆。為豆科植物赤小豆或赤豆的種子。

食療功效

《本草綱目》記載，紅小豆「味甘，性平，無毒，下水腫，排癰腫膿血，療寒熱，止泄痢，利小便，治熱毒，散惡血，除煩滿，健脾。」《食性本草》記載：「久食瘦人。」

烹飪貼士

① 由於赤豆澱粉含量較高，蒸後呈粉沙性，而且有獨特的香氣，故常用來做成豆沙，以供各種糕糰麵點的餡料。

② 赤豆可整粒食用，一般用於煮飯、煮粥、做赤豆湯或冰棍、雪糕之類。

③ 用於菜餚可以做「紅豆排骨湯」等。赤豆還可發製赤豆芽，食用同綠豆芽。

飲食宜忌

陰虛而無濕熱者及小便清長者忌食。

保肝原理

赤豆營養價值很高，每100克中含蛋白質21.7克，鈣76毫克，磷386毫克，鐵4.5毫克。赤豆中含有大量對於便秘具有治療作用的纖維及維持酸鹼平衡、參與能量代謝的鉀，此兩種成分均可將膽固醇及鹽分等對身體不必要的成分排出體外，幫助肝臟解毒；此外，赤豆還有一定的利水作用，對肝硬化腹水有一定的治療效果。

綠豆

又叫青小豆、植豆，是一種豆科、蝶形花亞科豇豆屬植物。

食療功效

綠豆味甘性寒，入心、胃經。可清熱解毒，消暑。用於暑熱煩渴，瘡毒癰腫等症。可解附子、巴豆毒。

烹飪貼士

① 因其營養豐富，可作豆粥、豆飯、豆酒、炒食，或發芽作菜，故有「食中佳品，濟世長穀」之稱。

② 綠豆湯：綠豆淘盡，加大火煮沸10分鐘，取湯冷後食用，用於解毒清熱（注意不能久煮）。

飲食宜忌

① 綠豆不宜煮得過爛，以免使有機酸和維他命遭到破壞，降低清熱解毒功效。扶搖特別是服溫補藥時，不要吃綠豆食品，以免降低藥效。

② 脾胃虛寒便溏者禁服。

③ 綠豆忌用鐵鍋煮。

保肝原理

綠豆含蛋白質、脂肪、碳水化合物，維他命B_1、維他命B_2、胡蘿蔔素、礦物質鈣、磷、鐵等。綠豆含豐富胰蛋白酶抑制劑，可以保護肝臟，減少蛋白分解，減少氮質血症。綠豆粉有顯著降脂作用，綠豆中含有一種球蛋白和多糖，能促進動物體內膽固醇在肝臟分解成膽酸，加速膽汁中膽鹽分泌和降低小腸對膽固醇的吸收。

玉米

俗稱粟米、包穀、苞米等。為禾本科一年生草本植物玉蜀黍的種子。

食療功效

玉米性味甘、平，歸屬脾、胃、腎經，有健脾調中、開胃利膽、利濕降濁等功效。

烹飪貼士

① 玉米有很高的營養保健價值，但也缺乏人體必需的某些氨基酸，如賴氨酸等；因此，不宜長期單獨食用，建議將玉米與小米、麥類以及大豆類混食。

② 食用玉米要煮熟、蒸透，尤其中老年人更應以吃熟爛粟米食品為宜，最好將玉米研磨成細粉煨煮玉米粥，或製成玉米餅等糕點服食。

飲食宜忌

玉米受潮後容易發霉，霉變的玉米（及玉米粉）中雜有黃麴霉菌，它能產生黃麴霉毒素，具有很強的致癌性，故必須注意勿食發霉變質的玉米或玉米粉。

保肝原理

玉米主要含複合碳水化合物，並含有一定量的蛋白質和脂肪，其脂肪油含量可達3.8%左右。其所含的鈣、鎂、硒等無機鹽以及磷脂醯膽鹼、亞油酸、維他命E等，均具有降低血清膽固醇的作用。從玉米胚芽中提取的玉米油是一種膽固醇吸收的抑制劑，也有較好的降血脂效果。

紅薯

又稱甘薯、番薯、山芋等。為旋花科一年生植物紅薯的塊根。

食療功效

《本草綱目》記載，紅薯「補虛乏，益氣力，健脾胃，強腎陰」，使人「長壽少疾」。《中華本草》説其：「味甘，性平。歸脾、腎經。」「補中和血、益氣生津、寬腸胃、通便秘。」

飲食宜忌

胃酸多者不宜多食，多食令人反酸。素體脾胃虛寒者，不宜生食。

保肝原理

紅薯含有豐富的澱粉、膳食纖維、胡蘿蔔素、維他命A、B、C、E以及鉀、鐵、銅、硒、鈣等10餘種微量元素等，是一種藥食兼用、營養均衡的食品，它的熱量只有同等重量大米所含熱量的1/3，幾乎不含脂肪和膽固醇。紅薯還含有較多的纖維素，能吸收胃腸中的水分，潤滑消化道，起通便作用，並可將腸道內過多的脂肪、糖、毒素排出體外，起到降脂作用。

燕麥

又名雀麥、野麥，為禾本科草本植物雀麥的種子。

食療功效

燕麥性味甘平，歸肝、脾、胃經，有益脾養心、斂汗等功效。

烹飪貼士

燕麥經加工，可製成罐頭、餅乾、燕麥片、糕點等。

飲食宜忌

虛寒性病證患者忌食。燕麥不易消化，不宜多食。

保肝原理

燕麥的營養價值豐富，燕麥在穀物中其蛋白質和脂肪的含量均居首位，人體必需的8種氨基酸的含量也基本上均居首位；所含的賴氨酸含量是大米和小麥麵的2倍，脂肪含量尤為豐富，並富含大量的不飽和脂肪酸。

燕麥還含有其他穀物糧食中所沒有的皂甙，皂甙可與植物纖維結合，吸取膽汁酸，促使肝臟中的膽固醇轉變為膽汁酸並隨糞便排走，間接降低血清膽固醇，故燕麥有保健食品的譽稱。燕麥還富含可溶性膳食纖維，可有效減少腸道對膽固醇的吸收，對脂肪肝的防治十分有益。

山楂

又名山裏紅、紅果、酸楂、猴楂等，被稱為「抗肥胖抗血脂酸果」。

食療功效

山楂性微溫，味酸甘，入脾、胃、肝經，有消食健胃、活血化瘀、收斂止痢之功能。用於肉食滯積、癥瘕積聚、腹脹痞滿、瘀阻腹痛、痰飲、泄瀉、腸風下血等，正如《日用本草》所言：化食積，行結氣，健胃寬膈，消血痞氣塊。

烹飪貼士

① 山楂可直接洗淨生食，但不可多食，每次10-30克。
② 山楂還可以榨汁，或者與肉類等進行烹調。
③ 此外山楂尚可泡茶以代茶飲。

飲食宜忌

忌一次性大量食用生山楂或空腹食用山楂；脾胃虛弱者慎服，孕婦不宜食用；有消化性潰瘍者忌食。

保肝原理

蛋白質、脂肪、維他命C、胡蘿蔔素、澱粉、蘋果酸、枸櫞酸、鈣和鐵等物質，具有降血脂、血壓、強心和抗心律不齊等作用。山楂內的黃酮類化合物牡荊素，對癌細胞體內生長、增殖和浸潤轉移均有一定的抑制作用，對脂肪肝及肝硬化患者也有很好的食療作用。

蘋果

為薔薇科多年生落葉喬木植物蘋果的果實。

食療功效

蘋果性平味甘酸，具有補心益氣、增強記憶、生津止渴、止瀉潤肺、健胃和脾、除煩解暑、醒酒等功效。《滇南本草》記載：蘋果燉膏名玉容丹，通五臟六腑，走十二經絡，調營衛而通神明，解瘟疫而止寒熱。

烹飪貼士

蘋果除鮮食外，還可加工成果脯、果乾、果醬、果汁、罐頭、蘋果酒、菜餚、點心、粥羹等。

飲食宜忌

① 蘋果是生理鹼性食物，對胃酸分泌少者，不宜在餐前或餐中服食。
② 蘋果生治便秘，熟治腹瀉。
③ 腎炎及糖尿病患者不宜多食。

保肝原理

蘋果本身不含膽固醇，但含有大量果膠，能阻止腸內膽固醇重吸收，使膽酸排出體外，從而減少膽固醇含量；蘋果在腸道分解出來的乙酸，有利於膽固醇代謝；蘋果中還含有豐富的維他命C、果糖、微量元素鎂等，都有促進膽固醇代謝的作用。由此可見，蘋果對老年人，尤其是脂肪肝膽固醇高的人，稱得上是最理想的水果。

枸杞

又名枸杞紅實、甜菜子、西枸杞、狗奶子等，是茄科枸杞屬的多分枝灌木植物的果實。

食療功效

枸杞子味甘、性平，具有補肝益腎之功效，《本草綱目》記載：「枸杞，補腎生精，養肝……明目安神，令人長壽。」中醫常用它來治療肝腎陰虧、腰膝酸軟、頭暈、健忘、目眩、目昏多淚、消渴、遺精等病症。

烹飪貼士

枸杞在食療中運用廣泛，因其味甘，可補肝腎，得到了廣大養生愛好者的熱愛，不僅可以直接食用，還可以煨湯、燒菜，甚至能製作成可口的飲料。

飲食宜忌

① 健康成年人每天可食用20克左右枸杞，若想起到治療效果，每天最好食用30克。
② 枸杞雖藥性平和，但感冒發燒、身體有炎症或腹瀉的人最好不要吃。

保肝原理

枸杞含甜菜鹼、多糖、粗脂肪、粗蛋白、核黃素、菸酸、胡蘿蔔素、抗壞血酸、亞油酸、微量元素及多種氨基酸等成分。對免疫有促進作用，同時可提高血睾酮水平，起強壯作用；對造血功能有促進作用；對正常健康人也有顯著升白血球作用；還有抗衰老、抗突變、抗腫瘤、降血脂、降血糖、降血壓作用。能預防動脈粥樣硬化，保護肝臟，抑制脂肪肝的形成，促進肝細胞再生。

香菇

又名香信、香菌、香菰、冬菇等，為傘菌科植物香蕈的子實體。它味道鮮美，香氣沁人，營養豐富，素有「植物皇后」的美譽。

食療功效

香菇性味甘、平、涼；入肝、胃經。有補肝腎、健脾胃、益氣血、益智安神、美容顏之功效。

烹飪貼士

① 發好的香菇要放在冰箱裏冷藏才不會損失營養。
② 泡發香菇的水不要丟棄，很多營養物質都溶在水中。
③ 把香菇泡在水裏，用筷子輕輕敲打，泥沙就會掉入水中。
如果香菇比較乾淨，則只要用清水沖淨即可，這樣可以保存香菇的鮮味。

飲食宜忌

① 胃寒濕氣滯或皮膚瘙癢病患者忌食。
② 香菇含有豐富的生物化學物質，與含有類胡蘿蔔素的番茄同食，會破壞番茄所含有的類胡蘿蔔素，使其營養價值降低。

保肝原理

香菇的維他命含量比番茄、胡蘿蔔還高，還含有多達18種氨基酸，尤以賴氨酸和精氨酸的含量最豐富，是人體補充氨基酸的首選食品。香菇中含豐富的維他命D原，這種物質進入人體後，經日光照射可轉變成為維他命D，所以香菇是補充維他命D的重要食品，經常食用可預防小兒因缺鈣引起的佝僂病、孕婦及產婦的骨質疏鬆症等，同時還有助於增強人體對疾病的抵抗力和感冒的治療。

銀耳

又稱白木耳、雪耳、銀耳子等，有「菌中之冠」的美稱。

食療功效

銀耳性味甘平，入肺、胃、腎經，功能滋陰潤肺，主治咳喘，痰中帶血，虛熱口渴，肺痿等症。

烹飪貼士

① 銀耳可燉豬蹄、排骨、雞肉、鴨肉，更是別有一番風味。
② 銀耳宜用開水泡發，泡發後應去掉未發開的部分，特別是那些呈淡黃色的東西。
③ 銀耳主要用來做甜菜，以湯菜為主；冰糖銀耳含糖量高，睡前不宜食用，以免血黏度增高。
④ 銀耳是一種含粗纖維的減肥食品，配合豐胸效果顯著的木瓜同燉，可謂是「美容美體佳品」。
⑤ 選用偏黃一些的銀耳口感較好，燉好的甜品放入冰箱冰鎮後飲用，味道更佳。

飲食宜忌

外感風寒、出血症、濕痰咳嗽患者慎用。

保肝原理

銀耳中含有海藻糖、甘露糖醇等肝糖，具有提高肝臟解毒能力、保護肝臟的功能。其所含的銀耳多糖不僅能改善人的肝、腎功能，還能降低血清膽固醇、三酰肝油，促進肝臟蛋白質的合成，增強人體免疫力。

黑木耳

俗稱木耳，樹雞等，為木耳科植物的子實體，素有「降脂素食」的美稱。

食療功效

黑木耳性味甘、平，偏涼，具有補氣益智、滋養強壯、補血活血等功效。唐代食療學家孟詵説，黑木耳能「利五臟，宣腸胃氣壅毒氣」。明代李時珍在《本草綱目》中説：「木耳生於朽木之上，性甘，主治益氣下饑，輕身強志……」

烹飪貼士

黑木耳可製作多種菜餚，用作主料或配料皆宜，多用來涼拌、炒菜、做湯或甜羹，入口柔脆滑爽，肉質細膩，風味獨特。

飲食宜忌

① 鮮木耳含有毒素，不可直接食用。
② 孕婦不宜多食。
③ 黑木耳易滑腸，患有慢性腹瀉的病人應慎食，否則會加重腹瀉症狀。

保肝原理

黑木耳含蛋白質、脂肪、碳水化合物以及胡蘿蔔素和維他命B_1、B_2、E，菸酸和鉀、鈉、鈣、磷、鎂、鐵、錳、鋅、硒等礦物質元素。木耳中還含有豐富的纖維素和一種特殊的植物膠質，這兩種物質能促進胃腸蠕動，促使腸道脂肪食物的排泄，減少食物中脂肪的吸收，對脂肪肝患者有益。

海帶

別名昆布、江白菜。為海帶科植物海帶或翅藻科植物鵝掌菜等的葉狀體。

食療功效

《本草再新》言其「味苦，性寒，無毒。」具有軟堅散結、消痰平喘、通行利水、祛脂降壓等功效，可用於癭瘤、瘰癧、疝氣下墜、癰腫、宿食不消、小便不暢、咳喘、水腫、高血壓等症。

烹飪貼士

① 海帶風味獨特，食法繁多，涼拌、葷炒、煨湯，無所不可。

② 食用前，應當先洗淨，再浸泡，然後將浸泡的水和海帶一起下鍋做湯食用。這樣可避免溶於水中的甘露醇和某些維他命被丟棄不用，從而保存了海帶中的有益成分。

③ 為保證海帶鮮嫩可口，用清水煮約15分鐘即可，時間不宜過久。

飲食宜忌

① 海帶性寒，脾胃虛寒者忌食。

② 海帶中含有一定量的砷，攝入過多的砷可引起酸性中毒。因此，食用海帶前，應先用水漂洗，使砷溶於水，浸泡24小時並勤換水，可使海帶中的砷含量符合食品衛生標準。

保肝原理

海帶澱粉具有降低血脂的作用，能減緩膽固醇等脂質的積聚，預防動脈硬化。海帶含有大量的不飽和脂肪酸和膳食纖維，能促使體內的膽固醇排出體外，對脂肪肝患者有益。

豆腐

為大豆的加工製成品。素有「植物肉」之美稱。

食療功效

豆腐，味甘性涼，入脾、胃、大腸經，具有益氣和中、生津解毒的功效，可用於赤眼、消渴、休瘜痢等症，並解硫黃、燒酒之毒。

烹飪貼士

它可以單獨成菜，也可以作主料、輔料，或充作調料；它可以作多種烹調工藝加工，切成塊、片或丁或燉或炸；它可做成多種菜式，多種造型，可為冷盤、熱菜、湯羹、火鍋，可成卷、夾、丸、包子等，還可調製成各種味型，既有乾香的本味，更具獨一無二的吸味特性。

飲食宜忌

小兒消化不良者不宜多食；豆腐含嘌呤較多，痛風病人及血尿酸濃度偏高者慎食。

保肝原理

豆腐營養豐富，含有鐵、鈣、磷、鎂等多種人體必需的元素，還含有糖類、植物油和豐富的優質蛋白，豆腐及豆製品的蛋白質含量比大豆高，而且豆腐蛋白屬完全蛋白，不僅含有人體必需的8種氨基酸，而且其比例也接近人體需要，營養效價較高。豆腐不含膽固醇，為高血壓、高血脂、高膽固醇症及動脈硬化、冠心病患者的藥膳佳品。食用豆腐可以改善人體脂肪結構，也可以預防和抵制損害肝功能的疾病。

蜂蜜

是蜜蜂從開花植物的花中採得花蜜而後在蜂巢中釀製而成的產品。

食療功效

蜂蜜味甘，性平，能補中緩急，潤肺止咳，潤腸燥，解毒。《神農本草經》中說蜂蜜「安五臟，益氣補中，止痛解毒，除百病，和百藥，久服輕身延年」。《本草綱目》中說：「和營衛，潤臟腑，通三焦，調脾胃。」

烹飪貼士

① 新鮮蜂蜜可直接食用，也可配成溫水溶液服用，但絕不可用沸水沖或高溫蒸煮；因為加高溫後有效成分如酶等活性物質被破壞。蜂蜜最好使用40℃以下溫開水或涼開水稀釋後服用，最高溫度不能超過60℃。

② 蜂蜜的食用時間大有講究，一年之中，秋季最佳；一天之內，晨起為好。一般均在飯前1-1.5小時或飯後2-3小時食用比較適宜。

飲食宜忌

① 腸滑腹瀉者忌生食。

② 不適宜糖尿病患者、脾虛泄瀉及陰阻中焦的脘腹脹滿、苔厚膩者食用。

③ 不宜與豆腐、韭菜同食。

保肝原理

蜂蜜營養豐富，含大量葡萄糖和果糖、少量蔗糖、蛋白質、檸檬酸、蘋果酸、琥珀酸、甲酸、乙酸、維他命B_1、B_2、B_6、C、K和微量的鎂、硫、磷、鈣、鉀、鈉、碘等多種鹽類。蜂蜜能為肝臟的代謝活動提供能量準備，能刺激肝組織再生，起到修復損傷的作用，對脂肪肝的形成也有一定的抑制作用。

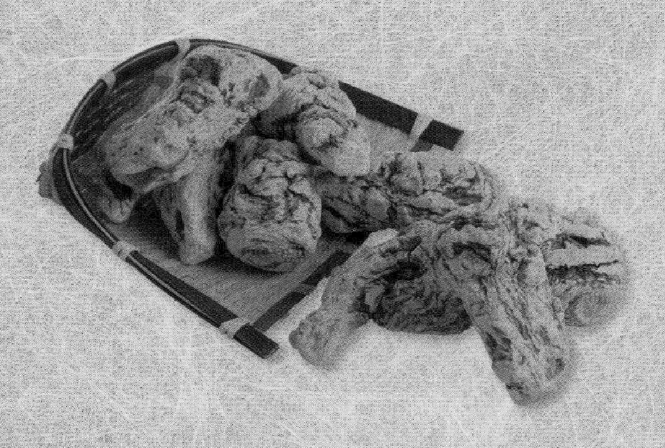

第四章

防治脂肪肝常用中藥

中醫理論認為脂肪肝的病因病機主要是肝失疏泄、脾失健運、水穀不化、聚久成痰濁，留而成瘀，痰瘀互結於脅下而成脂肪肝。其病變部位在肝，涉及脾、胃、膽、腎。主要病理產物是痰、濕、瘀。治則以化痰祛濕，活血化瘀，疏肝解鬱，健脾消導為主。常用的中藥或祛痰化濁、利濕降脂，或活血化瘀等。

人參

味甘、微苦，微溫。歸肺、脾、心經。

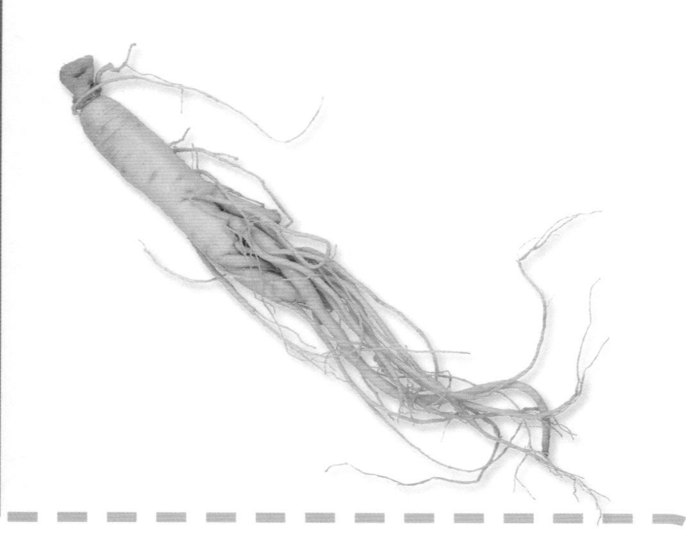

食療功效

功可補氣挽脱，補益脾肺，生津止渴，安神益智。用於治勞傷虛損，食少，倦怠，反胃吐食，大便滑泄，虛咳喘促等證。

服用方法

煎服，10-15克。

保肝原理

人參所含的人參皂甙Rb_2具有改善血脂、降低血中三醯甘油(三酸甘油酯)、升高血中高密度脂蛋白，降低動脈硬化指數以及明顯的抗脂肪肝作用。人參莖葉皂甙可能通過增加肝組織PPARα mRNA表達，降低血脂和肝脂水平；並且通過降低CYP2E1 mRNA表達，抑制脂質過氧化反應，發揮治療脂肪肝的作用。

枸杞子

性味甘，平。能滋補肝腎，益精明目。

食療功效

用於虛勞精虧，腰膝酸痛，眩暈耳鳴，內熱消渴，血虛萎黃，目昏不明。有輕度抑制脂肪在肝細胞內沉澱、促進肝細胞新生的作用。

服用方法

煎服，10-15克。

保肝原理

枸杞子對由四氯化碳毒害的小鼠，有輕度抑制脂肪在肝細胞內沉澱、促進肝細胞新生的作用。枸杞子水提取物的抗脂肪肝作用還表現在防止四氯化碳引起的肝功能紊亂。

何首烏

性味甘、澀，微溫。

食療功效

可養血滋陰，潤腸通便，截瘧祛風，解毒。用於治療血虛頭昏目眩，心悸失眠，肝腎陰虛之腰膝酸軟，鬚髮早白，耳鳴，遺精，腸燥便秘等。何首烏能夠減少肝內膽固醇的沉澱，降低肝臟和血液中的低密度脂蛋白，並可起到降血脂、增強免疫、抗衰老的作用，有益於脂肪肝的預防和治療。

服用方法

煎服，10-15克。

保肝原理

何首烏對肝臟過氧化脂質升高、血清谷丙轉氨酶及谷草轉氨酶升高等均有明顯對抗作用，並使血清游離脂肪酸及肝臟過氧化脂質含量下降，而達到治療脂肪肝的良好作用。

冬蟲夏草

性味甘，溫，功能益腎壯陽，補肺平喘，止血化痰。

食療功效

可用於久咳虛喘、勞嗽咯血、產後虛弱、陽痿陰冷、腰膝酸痛等虛性病症。具有降脂、保肝作用。

服用方法

2克，研末沖服。

保肝原理

冬蟲夏草有明顯的促肝細胞再生作用，可以活化肝細胞功能，具有抗脂質氧化作用，能抑制肝細胞凋亡，減輕肝細胞脂肪變性壞死，減輕肝細胞損傷及炎症壞死纖維化程度，阻止肝病向纖維化發展，改善肝細胞脂肪化代謝能力。

山楂

性微溫、味酸甘，入脾、胃、肝經，有消食健胃、活血化瘀、收斂止痢之功能。

食療功效

對肉積痰飲、痞滿吞酸、瀉痢腸風、腰痛疝氣、產後兒枕痛、惡露不盡、小兒乳食停滯等，均有療效。其能明顯降低血中的膽固醇和三醯甘油，還能減少脂質在肝臟中沉澱；具有保肝、護肝作用，從而能有效防治脂肪肝、高血脂症、高血壓病等。

服用方法

5-10克。煎湯服用。

保肝原理

山楂提取物和醇浸膏口服能使動脈粥樣硬化兔血中卵磷脂比例提高，膽固醇和脂質在器官上的沉澱降低。

蒲黃

味甘，性平。歸肝、心包經。

食療功效

可止血，化瘀，通淋。用於吐血，衄血，咯血，崩漏，外傷出血，經閉痛經，脘腹刺痛，跌仆腫痛，血淋澀痛。

服用方法

煎服，3-10克。

保肝原理

研究表明，蒲黃有降膽固醇和三醯甘油的作用，還能增高高密度脂蛋白，從而能起到改善脂肪肝，保護肝細胞的作用。蒲黃除可使急、慢性高血脂症家兔血清總膽固醇降低外，還可使高密度脂蛋白膽固醇升高、前列環素顯著下降。

柴胡

味苦，辛，性微寒。歸肝，膽經。

食療功效

功能解表退熱，疏肝解鬱，升舉性微溫，味酸甘，入脾、胃、肝陽氣。主外感發熱，寒熱往來，肝鬱脅痛乳脹等。

服用方法

煎湯內服，3-10克。

保肝原理

柴胡皂甙對四氯化碳引起的小鼠肝損傷實驗，可見過氧化質含量降低，肝臟中谷胱甘肽含量升高，而血清中穀氨醯轉氨酶含量下降，肝臟中三醯甘油含量降低，表明具有保護肝細胞損傷和促進肝臟中脂質代謝，以及抗脂質過氧化的作用。

馬齒莧

性寒，味甘酸；入心、肝、脾、大腸經。

食療功效

功能清熱解毒，利水去濕，散血消腫，除塵殺菌，消炎止痛，止血涼血。主治痢疾，腸炎，腎炎，產後子宮出血，便血，乳腺炎等病症。

服用方法

煎服，10-30克。

保肝原理

馬齒莧所含的胡蘿蔔素、多種維他命、3，4-二羥苯丙氨酸、多巴胺等，有防治高血脂症的功效，從而能起到改善脂肪肝，保護肝細胞的作用。

絞股藍

味苦、微甘，性涼。歸肺、脾、腎經。

食療功效

可益氣補脾、扶正抗癌、化痰降濁。

服用方法

煎服，10-15克。

保肝原理

絞股藍有降血糖、降血脂和保肝作用，從而能起到改善脂肪肝，保護肝細胞的作用。老年大鼠餵飼含0.5%和0.25%絞股藍水提物乾浸膏2.5個月，對心、肝、腦組織過氧化脂質(LPO)有明顯降低作用，0.5%濃度組對血清和肝臟總膽固醇、三醯甘油都有明顯降低作用。

決明子

味甘、鹹、苦，性微寒。歸肝、大腸經。

食療功效

具清熱明目、潤腸通便的功能。生決明子長於清肝熱，潤腸燥。用於目赤腫痛，大便秘結。

服用方法

煎服，10-15克。

保肝原理

決明子散有降低實驗性高血脂症大鼠血漿總膽固醇和三醯甘油的作用，還能起到降低肝中三醯甘油和抑制血小板聚集的作用。研究表明，決明子水浸劑有降血壓、降血脂等作用，經常飲用此茶可起到抑制脂肪的合成，促進多餘脂肪分解的作用，從而能起到改善脂肪肝，保護肝細胞的作用。

大黃

味苦，性寒。歸胃、大腸、肝、脾經。

食療功效

可攻積滯，清濕熱，瀉火，涼血，祛瘀，解毒。主治實熱便秘，熱結胸痞，濕熱瀉痢，癥瘕積聚，跌打損傷，熱毒癰瘍等。

服用方法

煎服，5-10克。

保肝原理

研究發現，大黃有降血壓、降膽固醇的作用，從而能起到改善脂肪肝，保護肝細胞的作用。

赤芍

味苦，性微寒。歸肝經。

食療功效

功能清熱涼血，散瘀止痛。用於溫毒發斑，吐血衄血，目赤腫痛，肝鬱脅痛，經閉痛經，癥瘕腹痛，跌仆損傷，癰腫瘡瘍。

服用方法

煎服，6-12克。

保肝原理

赤芍注射液對體外培養肝細胞的DNA合成有明顯促進作用，對肝細胞再生和肝功能恢復有良好影響。赤芍保肝機制能提高大鼠血漿纖維聯結蛋白的水平，從而增強網狀內皮系統的吞噬功能和加強調理素活性，以保護肝細胞，防止肝臟免疫損傷和促進肝細胞再生。

丹參

性味苦，微溫。歸心、肝經。

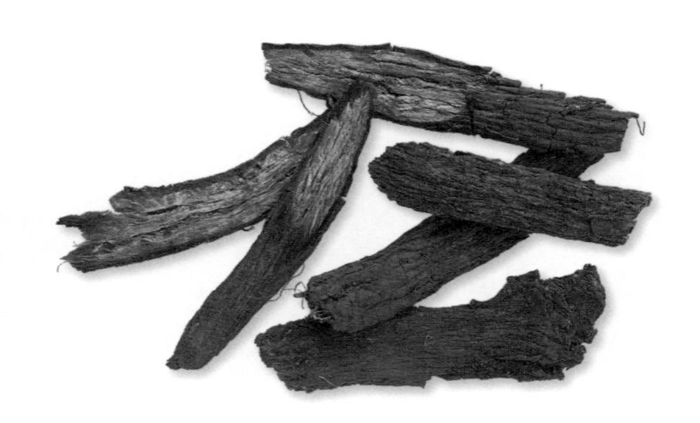

食療功效

可活血調經，祛瘀止痛，涼血消癰，清心除煩，養血安神。主治月經不調，經閉痛經，癥瘕積聚，胸腹刺痛，熱痹疼痛，肝脾腫大，心絞痛。能降低血脂，抑制冠脈粥樣硬化形成；能抑制或減輕肝細胞變性、壞死及炎症反應，促進肝細胞再生，並有抗纖維化作用。

服用方法

煎服，5-15克。

保肝原理

丹參能改善肝臟生理功能、促使肝脾回縮和變軟，是由於丹參能擴張外周血管，降低門靜脈壓力，使肝內血液循環改善，增加肝細胞的營養和氧的供給。對消除肝臟纖維結締組織的增生，也可能有一定的作用。

紅花

性溫，味辛，可活血通經、散瘀止痛。

食療功效

用於經閉、痛經、惡露不行、癥瘕痞塊、跌打損傷。

服用方法

煎服，10-15克。

保肝原理

研究表明，紅花可降低血清中總膽固醇和三醯甘油的水平，從而能起到改善脂肪肝，保護肝細胞的作用。

沒藥

味苦，辛，性平。入肝、脾、心、腎經。

食療功效

可散血去瘀，消腫定痛。有降低血清脂肪含量的作用，從而能起到改善脂肪肝，保護肝細胞的作用。

服用方法

煎湯內服，3-9克。或入丸、散。

保肝原理

沒藥含油樹脂部分能降低雄兔高膽固醇血症的血膽固醇含量，並能防止斑塊形成，也能使家兔體重有所減輕。

薑黃

味辛、苦，性溫。歸肝、脾經。

食療功效

功效破血行氣，通經止痛。能降低血漿總膽固醇、β-脂蛋白和三醯甘油含量，並使主動脈中總膽固醇、三醯甘油含量降低，從而能起到改善脂肪肝，保護肝細胞的作用。

服用方法

煎服，3-9克。

保肝原理

薑黃醇或醚提取物、薑黃素和揮發油灌胃，對實驗性高血脂症大鼠和家兔都有明顯的降血漿總膽固醇和β-脂蛋白的作用，並能降低肝膽固醇；灌胃薑黃素能降低肝重，減少肝中三醯甘油、游離脂肪酸、磷脂含量及血清總三醯甘油。

荷葉

味苦澀，性平。入肝、脾經。

食療功效

有清熱解暑、利水消腫、清利頭目、涼血止血之功能。

服用方法

煎湯內服，3-10克（鮮品15-30克）。

保肝原理

荷葉中含有的荷葉鹼、蓮鹼、黃酮甙、槲皮素，有較穩定的降血脂、降血壓功效。荷葉煎劑治療高血脂症，一個療程20日，降膽固醇總有效率達91.3%，其中顯效37.8%，所以荷葉能起到改善脂肪肝，保護肝細胞的作用。

女貞子

味甘、苦，性涼。歸肝、腎經。

食療功效

功能補肝腎陰，烏鬚明目。可用於肝腎陰虛，腰酸耳鳴，鬚髮早白；眼目昏暗，視物昏暗；陰虛發熱，胃病及痛風和高尿酸血症。可降低血膽固醇及三醯甘油含量，從而能起到改善脂肪肝，保護肝細胞的作用。

服用方法

煎服，10-15克。

保肝原理

女貞子所含的齊墩果酸皮下注射，可抑制四氯化碳引起的大鼠血清谷丙轉氨酶的升高，減輕四氯化碳造成的肝損傷。齊墩果酸皮下注射連續6-9周，對高脂食物及四氯化碳造成的大鼠肝硬化有防治作用。

虎杖

味苦，酸，性微寒。歸肝、膽經。

食療功效

功能活血散瘀，祛風通絡，清熱利濕，解毒。主癥瘕積聚，風濕痹痛，濕熱黃疸，淋濁帶下，瘡瘍腫毒，毒蛇咬傷，水火燙傷。

服用方法

煎湯內服，10-15克。

保肝原理

虎杖主要成分對口飼過氧化粟米油所致大鼠肝損害，可以制止大鼠肝中過氧化類脂化合物的堆積，降低小鼠血清中的谷草轉氨酶和谷丙轉氨酶的水平，降低脂質過氧化物含量，減少小白鼠肝中的脂肪生成。

金銀花

性味甘，微苦，辛，寒。歸肺，胃，心，大腸經。

食療功效

可清熱解毒，疏風散熱。

服用方法

煎服，10-15克。

保肝原理

大鼠灌胃金銀花2.5克/千克，能減少腸內膽固醇吸收，降低血漿中膽固醇含量，對血清和肝中總膽固醇、三醯甘油和游離脂肪酸含量具有明顯抑制作用。體外實驗也發現金銀花可和膽固醇相結合，從而起到改善脂肪肝，保護肝細胞的作用。

當歸

性味溫，味甘、辛。歸肝、心、脾經。

食療功效

可補血活血，調經止痛，潤腸通便。有降低血清膽固醇、三醯甘油和β-脂蛋白水平的作用，從而起到改善脂肪肝，保護肝細胞的作用。

服用方法

煎服，10-15克。

保肝原理

當歸對慢性肝損害有一定減輕纖維化和促進肝細胞功能恢復作用。對實驗性肝葉切除有一定促進肝再生作用，其抗肝損害機制與抑制脂質過氧化有關。

澤瀉

味甘、淡，性寒。歸腎，膀胱經。

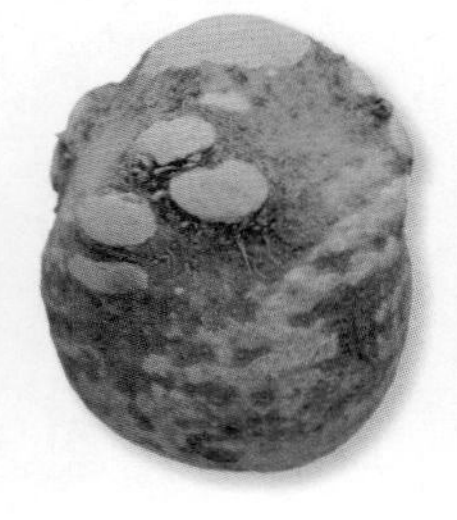

食療功效

可利水滲濕，泄熱通淋。主治小便不利，熱淋澀痛，水腫脹滿，泄瀉，痰飲眩暈等。

服用方法

煎服，10-15克。

保肝原理

澤瀉對大白鼠低蛋白飲食引起的脂肪肝有治療作用，其作用與膽鹼、卵磷脂相當。腹腔注射能減輕大鼠口服棉籽油引起的血脂症，對大鼠用四氯化碳引起的肝損害，有預防及治療的效果，並能輕度降低家兔實驗性動脈粥樣硬化的血膽甾醇，緩和病變的發展。

陳皮

味苦、辛，性溫。入脾經、胃經、肺經。

食療功效

可理氣健脾，燥濕化痰。主治脾胃氣滯之脘腹脹滿或疼痛、消化不良；濕濁阻中之胸悶腹脹、納呆便溏；痰濕壅肺之咳嗽氣喘；胸脘脹滿，食少吐瀉，咳嗽痰多等。

服用方法

煎服，10-15克。

保肝原理

陳皮果膠可降低餵蛋黃粉雞動脈粥樣硬化的發病率，減輕病灶，並可使血清膽甾醇降低；主要是由於果膠加速食物通過消化道，使類脂質及膽甾醇更快隨糞便排出去。有降低血清膽固醇、三醯甘油和 β-脂蛋白水平的作用，故而能起到改善脂肪肝，保護肝細胞的作用。

牛膝

味甘、苦、酸，性平。入肝、腎經。

食療功效

具有活血祛瘀、補肝腎、強筋骨、輕身耐老作用。

服用方法

煎服，10-15克。

保肝原理

牛膝能使血管擴張，增加血流量，降低血液黏稠度，降低血液膽固醇，從而起到改善脂肪肝，保護肝細胞的作用。牛膝中的促蜕皮甾酮能改善肝功能，降低血漿膽固醇水平。

第五章

脂肪肝患者的菜餚

涼拌虎杖

虎杖嫩芽250克，
鹽、白糖、麻油適量。

主治高血脂症伴脂肪肝、肝膽病、關節炎、月經不調等病，對肝經濕熱型脂肪肝患者尤為適宜。

做法

春秋兩季於山溝溪邊林蔭處採下虎杖嫩芽，用沸水燙一下，切成3厘米長的小段，碼入盤中，加鹽、白糖、麻油等調料拌和均勻，即成。

虎杖味苦酸，性平，有降低血脂、活血利濕、清熱解毒等功效。

孕婦禁服。

芝麻醬拌黃瓜

嫩黃瓜(青瓜)2條，番茄2個，大蒜3瓣，
芝麻醬10克，白糖10克。

做法

將黃瓜用刀拍碎。放盤中。將番茄洗淨，放熱水中燙一下，切小塊，放黃瓜盤內，撒上鹽、白糖拌勻。大蒜剝去蒜衣，拍碎，剁成泥，撒在黃瓜、番茄上面。芝麻醬放碗內，加少許涼開水調稀，澆在黃瓜、番茄上面，食用時拌勻即成。

白蘿蔔、胡蘿蔔(紅蘿蔔)各150克，青蘿蔔150克，玫瑰花2朵，醬油、醋、鹽、蒜茸適量。

功效

此菜能疏肝消脹，理氣止痛。適用於肝鬱氣滯型脂肪肝。

做法

將上述洗淨後切絲，按外青中紅內白裝盤，用醬油、醋、鹽、蒜茸製作調料，均勻倒入盤內蘿蔔絲上，再將兩朵玫瑰花放盆中即成。

白蘿蔔含豐富的維他命C和微量元素鋅，有助於增強機體的免疫功能，提高抗病能力；蘿蔔中的澱粉酶能分解食物中的澱粉、脂肪、使之得到充分的吸收。胡蘿蔔能降低血脂，促進腎上腺素的合成。

Tips 經常適量食用可抗脂肪肝。

功效

此菜能清熱止渴，健胃消食。適用於各型脂肪肝及高血脂症等。

黃瓜性涼，味甘苦，具有除熱、利水、解毒、清熱利尿的功效，其所含的纖維素對促進人體腸道內腐敗物質的排出和降低膽固醇有一定作用。芝麻醬富含蛋白質、氨基酸及多種維他命和礦物質，有很高的保健價值。

Tips 脾胃虛寒者不宜。

海帶絲

水發海帶300克，
鮮山楂100克，白糖30克。

功效

此菜能清熱止咳，散結利水，消食化積。適用於各型脂肪肝。

做法

海帶洗淨，放鍋中，加蔥花、生薑絲、黃酒、清水，先用旺火燒開，再用小火燉爛，撈出切成細絲，山楂去核，也切成絲。然後，海帶絲加白糖拌勻，裝入盤內，撒上山楂絲，再撒上一層白糖即成。

海帶性味鹹寒，具有軟堅、散結、消炎、平喘、通行利水、祛脂降壓等功效，海帶含有大量的膳食纖維，可以增加飽腹感，而且海帶脂肪含量非常低，適合脂肪肝患者。

Tips
脾胃虛寒者忌食，身體消瘦者不宜食用。

椰菜500克，胡蘿蔔(紅蘿蔔)50克，
香菇25克，冬筍50克。

做法

將椰菜洗淨，用開水焯透過涼，用鹽、味精、麻油、生薑汁稍醃待用。將胡蘿蔔、香菇、冬筍用開水焯透過涼，切成細絲，用鹽、麻油、生薑汁醃一下待用。醃製的三絲用醃製的菜葉捲成直徑3厘米的卷，然後將菜卷斜刀切成段，碼盤即成。

芹菜炒香菇

芹菜400克，香菇50克，食鹽、醬油、乾粉、醋等調料適量。

功效

該菜有補氣益胃、化痰理氣，有降壓、抗癌、提高免疫功能、降血脂、降血糖等作用，適用於病毒性肝炎、脂肪肝、糖尿病和動脈粥樣硬化。

做法

芹菜擇去葉、根，洗淨，剖開切成約2厘米的長節，用鹽拌勻約10分鐘後，再用清水漂洗，瀝乾待用。香菇切片，醋、味精、澱粉混和後裝在碗裏，加水約50毫升待用。炒鍋燒熱後，倒入菜油30克，入芹菜煸炒2至3分鐘後，投入香菇片迅速炒勻，再加醬油炒約1分鐘後，淋入芡汁速炒起鍋即成。

芹菜性涼，味甘辛，能清熱除煩，平肝，利水消腫，涼血止血。香菇，味甘，性平，是高蛋白、低脂肪、多糖、多種氨基酸和多種維他命的菌類食物。含有多種維他命、礦物質，對促進人體新陳代謝，提高機體適應力有很大作用，主治食慾減退，少氣乏力。香菇中含有嘌呤、膽鹼、酪氨酸、氧化酶以及某些核酸物質，能起到降血壓、降膽固醇、降血脂的作用。

Tips

芹菜性涼質滑，故脾胃虛寒，腸滑不固者食之宜慎。

功效

此菜可軟化血管，防癌抗癌。適用於各型脂肪肝。

胡蘿蔔含有的槲皮素、山奈酚等物質能增加冠狀動脈血流量，降低血脂；香菇中所含的脂肪酸，對人體降低血脂有益。冬筍含有豐富的胡蘿蔔素、維他命B_1和B_2、維他命C等營養成分。

Tips

冬筍含有較多草酸鈣，患尿路結石、腎炎的人不宜多食。

綠豆芽炒三絲

綠豆芽200克，黃瓜25克，水發香菇、胡蘿蔔各25克，黃酒、鹽、花椒油適量。

功效

此菜能健脾養血，消暑利濕。適用於各型脂肪肝。

做法

炒鍋上火，放油燒熱，下生薑絲炒出香味，放入綠豆芽、香菇絲、黃瓜絲、胡蘿蔔絲，翻炒幾下，再放黃酒、鹽、素鮮湯，炒至綠豆芽脆嫩時，淋上花椒油，拌勻，起鍋裝入盤中即成。

綠豆芽味甘、性寒，具有清熱解毒，醒酒利尿的功效；胡蘿蔔是一種質脆味美、營養豐富的家常蔬菜，素有「小人參」之稱。胡蘿蔔富含糖類、脂肪、揮發油、胡蘿蔔素、維他命A、維他命B_1、維他命B_2、花青素、鈣、鐵等營養成分；香菇素有「山珍之王」之稱，是高蛋白、低脂肪的營養保健食品。

Tips

脾胃虛寒者，不可生食。

杞筍炒魚絲

鮮枸杞葉、嫩蘆筍各30克，黑魚肉100克，山藥粉20克，雞蛋白1個，番茄醬、鹽、醋、麻油適量。

做法

枸杞葉切段、蘆筍斜切細絲，用沸水分別焯燙；將魚肉切成薄片，再切成細絲放入湯碗，將雞蛋白加進山藥粉掛漿待用。取炒鍋置中火上加進植物油，待油八成熱時放入魚絲滑散滑透，潷出油，加進葱、薑絲和鹽煸炒，並逐一放進番茄醬、枸杞葉、蘆筍絲、醋、麻油及香菜段翻炒均勻，盛盤便可食用。

洋蔥炒河蚌

洋蔥200克，鮮河蚌肉400克，蔥、薑、黃酒、鹽適量。

功效

滋陰清熱，降脂降壓。適用於肝腎陰虛型脂肪肝。

做法

將鮮河蚌肉放入沸水鍋中焯透，撈出，瀝水後備用。將洋蔥切成細絲，放入沸水鍋中焯一下。炒鍋上火，放油用中火燒至七成熱，加蔥花、薑末煸炒出香，倒入蚌肉，並加黃酒、鹽，翻炒入味，投入洋蔥絲，加入炒勻，出鍋裝盤，淋入麻油即成。

河蚌肉味甘鹹、性寒，對人體有良好的保健功效，它有滋陰平肝、明目、防眼疾等作用；洋蔥中含有微量元素硒。所含硫化物能促進脂肪代謝，具有降血脂、抗動脈硬化作用。

Tips 洋蔥辛溫，熱病患者應慎食。

功效

降糖降脂。適用於各型脂肪肝及高血脂症等。

蘆筍富含多種氨基酸、蛋白質和維他命，特別是蘆筍中的天冬醯胺和微量元素硒、鉬、鉻、錳等，具有調節機體代謝，提高身體免疫力的功效；黑魚性寒、味甘，肉中含蛋白質、脂肪、18種氨基酸等，還含有人體必需的鈣、磷、鐵及多種維他命。

Tips 脾胃虛寒者不宜多食。

洋葱炒蘑菇

鮮蘑菇300克，洋葱100克，鹽適量。

功效

去瘀化痰，開胃消食，適用於痰瘀交阻型脂肪肝。

做法

鮮蘑菇洗淨，放入沸水中略焯後撈出，控去水，用刀切成片，再加適量鹽拌勻。洋葱去皮、洗淨後切成薄片。炒鍋上小火，放入油燒熱，下鮮蘑菇片煎至外皮微脆時，下洋葱片炒熟，出鍋裝盤，撒上香菜末即成。

蘑菇中的蛋白質含量多在30%以上，比一般的蔬菜和水果要高出很多。它還含有人體自身不能合成卻又是必需的8種氨基酸。洋葱中含糖、蛋白質及各種無機鹽、維他命等營養成分，所含二烯丙基二硫化物及蒜氨酸等，也可降低血中膽固醇和三醯甘油含量，從而可起到防止血管硬化作用。

Tips 肺胃有熱及陰虛、目昏者慎服。

臘梅冬筍雪裏蕻

冬筍100克，臘梅花5克，松蘿30克，雪裡蕻50克，葱、薑、鹽適量。

做法

將食材洗淨，冬筍浸泡發好後取出切片，松蘿切絲。鍋內加油，下雪裡蕻與葱花、生薑末輕炒後，加入冬筍片炒至熟，加臘梅花翻炒後加鹽、調味即成。

黑木耳燒豆腐

黑木耳30克，嫩豆腐250克，蔥、薑、醬油、鹽、胡椒粉、麻油適量。

功效

主治各種類型的高血脂症、脂肪肝，對脾氣虛弱型脂肪肝患者尤為適宜。

做法

先將黑木耳揀雜，用清水發透，撈出，洗淨，備用。將豆腐用清水漂洗後，入沸水鍋焯一下，切成小方丁，待用。鍋置火上，加植物油燒至六成熱，投入木耳爆炒至發出劈啪響聲，再加豆腐丁，邊溜炒邊加蔥花、薑末，烹入料酒，加少許清湯，改用中火煨燒20分鐘，視鍋內水量可適量加清湯，並加醬油、鹽、胡椒粉等佐料，用濕澱粉勾薄芡，淋入麻油即成。

黑木耳含糖類、蛋白質、脂肪、氨基酸、維他命和礦物質。有益氣、充饑、輕身強智、止血止痛、補血活血等功效。嫩豆腐具有益氣、補虛等多方面的功能，常吃豆腐可以保護肝臟，促進機體代謝，增加免疫力並且有解毒作用。有益氣補血、通脈降脂等功效。

Tips

痛風患者少食。

功效

此菜能清熱疏肝，活血通絡。適用於肝經濕熱型脂肪肝。

冬筍含有蛋白質和多種氨基酸、維他命，以及鈣、磷、鐵等微量元素以及豐富的纖維素。雪裡蕻，性溫，味甘辛，每100克含水分91.5克，蛋白質2.8克，脂肪0.6克，維他命1.6克，鈣23.9毫克，磷64毫克，鐵3.4毫克，維他命B_1 0.07毫克，核黃素0.06毫克，菸酸0.7毫克，抗壞血酸83毫克，有解毒消腫、開胃消食、溫中利氣等功效。

Tips

冬筍含有較多草酸鈣，患尿道結石、腎炎的人不宜多食。

香菇燒淡菜

水發香菇50克，筍50克，水發淡菜250克，葱、薑、鹽、五香粉、麻油適量。

功效

主治各種類型的高血脂症、脂肪肝，對肝腎陰虛型脂肪肝患者尤為適宜。

做法

先將淡菜用溫水洗淨，放入碗內，加入清湯適量，上籠蒸透取出，備用。炒鍋置火上，加植物油燒至七成熱，加葱花、薑末煸炒出香味，加清湯適量及香菇片、筍片、淡菜，烹入料酒，中火燒煮10分鐘，加鹽、五香粉，拌勻，入味後用濕澱粉勾芡，淋入麻油，即成。

香菇富含維他命B雜、鐵、鉀、維他命D原；淡菜蛋白質含量高達59%，脂肪含量為7%，且大多是不飽和脂肪酸。另外，淡菜還含有豐富的鈣、磷、鐵、鋅和維他命B、菸酸等。筍含脂肪、澱粉很少，屬天然低脂、低熱量食品，此三種菜搭配有益氣健脾、活血化瘀、補虛降脂等功效。

Tips 春筍中難溶性草酸鈣含量較多，因此各種結石患者不宜多食。

海帶燒木耳

鮮海帶250克，黑木耳40克，芹菜100克，香醋12克，鹽4克，白糖8克，葱白10克，薑片5克，料酒20克，生油25克。

做法

海帶洗淨，橫切成約1厘米寬的條，用沸水煮一下。葱白切段，芹菜洗淨切段。黑木耳發水，揀去雜質，洗淨。旺火起油鍋，爆炒葱白、薑片，倒入海帶、木耳，加白糖、香醋、鹽、料酒，酌加素湯燒半小時，倒入芹菜，裝碟上桌即可。

荔枝燒帶魚

荔枝肉50克，帶魚500克，蔥、薑、麻油、糖、鹽、醋、番茄醬適量。

功效

健脾和胃，益氣養血，降膽固醇。

做法

將帶魚切成三角塊，放入盆內，加入黃酒醃漬，再用濕澱粉掛糊，滾上乾澱粉。將白糖、鹽、醋、番茄醬、濕澱粉放入碗內，加入適量清水兑成汁。炒鍋上火，放油燒至六成熱，將帶魚塊投入油鍋，直至魚球呈金黃色、外層酥鬆時撈出控油。原鍋留底油燒熱，放入蔥花、生薑末煸出香味，倒入兑好的汁，下入荔枝肉、魚球，炒拌至鹵汁裹住魚球時，淋上麻油，出鍋裝盤，周圍用潔淨綠菜葉圍邊即成。

荔枝味甘酸，性溫，能生津，益血，理氣，止痛。《食物中藥與便方》雲：「帶魚，滋陰、養肝、止血。」帶魚性溫、味甘、鹹；帶魚的脂肪含量高於一般魚類，且多為不飽和脂肪酸，這種脂肪酸的碳鏈較長，具有降低膽固醇的作用。

Tips

糖尿病人慎用荔枝。

功效

此菜可降壓、減肥。用於脂肪肝、高血脂、高血壓、肥胖症。

海帶性寒，所含豐富的牛磺酸可降低血及膽汁中的膽固醇，海帶的食物纖維褐藻酸，也可抑制膽固醇的吸收，促進排泄。黑木耳味甘性平，功能益胃、活血、潤燥、降壓、涼血。黑木耳能抑制血小板的凝集，減低血液凝塊，有防止冠心病的作用，降脂降壓等。芹菜有明顯的降壓作用，並可加速脂肪分解。

Tips

生木耳有毒禁食。

苜蓿燴豆腐

新鮮苜蓿250克，
嫩豆腐200克，葱、薑、
煮酒、鹽、麻油適量。

功效

此菜能補益脾胃，滋陰養血，補虛降脂。適用於各型脂肪肝。

做法

將新鮮苜蓿切成段。將嫩豆腐放入鹽水中，泡10分鐘，快刀切成小方塊。炒鍋上火，放油燒至七成熱，加葱花、生薑末煸炒出香，放入豆腐塊，煮片刻，輕輕翻動，烹入黃酒，投入苜蓿段，加適量清水，拌和均勻，小火煮數分鐘，加鹽，淋入麻油即成。

苜蓿味甘、淡，性微寒，能清胃熱，利尿除濕；豆腐不含膽固醇，為高血壓、高血脂、高膽固醇症及動脈硬化、冠心病患者的藥膳佳餚。

Tips

苜蓿屬滲利之品，故不宜久食多食。

菜心馬蹄蝦

河蝦12隻，精肉200克，青菜心250克，
雞蛋白1個(蛋黃作其他用)，香乾、香菇適量。
鹽、生粉、蒜頭各少許。

做法

先將河蝦煮熟後去蝦頭備用；香菇用水泡發後去蒂切成小丁，香乾也切成丁，蒜頭拍碎。將精肉切碎後剁成肉末，然後加進香菇、香乾丁、雞蛋白和鹽拌勻後做成肉丸子。將做好的肉丸子成圓形拍上少許乾澱粉滾一下，在每一個肉丸中間嵌進一隻河蝦，形似馬蹄。放進旺火上蒸約8分鐘。再將炒鍋放進旺火上加水燒開，投進青菜心燒片刻後撈起圍進盤子邊中，把肉丸逐個放進盤子中間。然後在煮青菜的原湯中加進蒜末、鹽，燒沸後勾薄芡，淋進這盤菜心肉丸上面即成。

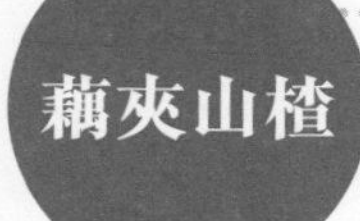

鮮藕300克，山楂糕200克，白糖15克。

功效

此菜能開胃消食，化瘀降脂，消積減肥。適用於各型脂肪肝。

做法

將鮮藕洗淨切成片，放入開水鍋中焯透，放入盤中。山楂糕切成比藕片略小的片，用兩片藕夾一片山楂糕，逐個夾好後碼入盤中。鍋上火，放入白糖和清水，小火燒開並收濃糖汁，離火晾涼後將糖汁澆在藕片上即成。

藕性寒、味甘，藕的含糖量不算很高，又含有大量的維他命C和膳食纖維，對於肝病、便秘、糖尿病等一切有虛弱之症的人都十分有益；山楂味酸、甘，性微溫，所含的解脂酶能促進脂肪類食物的消化，調節血脂及膽固醇含量。

Tips

山楂不能空腹吃。

功效

適合於脂肪肝和其他肝病患者。

河蝦、精肉、雞蛋白、香乾富含高蛋白質食品，對肝病患者有修復細胞的作用。青菜心富含維他命和膳食纖維。香菇和調料中的蒜頭有降脂的作用。

Tips

此菜含蛋白質較多，應適量食用。

金錢草檳榔魚

金錢草、車前草各60克，
檳榔10克，鯉魚1條，
鹽、薑各適量。

功效

可降低膽固醇，防治動脈硬化、冠心病。

做法

將鯉魚去鱗、鰓及內臟，同其他3味加水同煮，魚熟後加鹽、薑調味。

金錢草味甘，微苦，性涼。清利濕熱，通淋，消腫。可用於熱淋，沙淋，尿澀作痛，黃疸尿赤，肝膽結石，尿路結石。檳榔味苦、辛，性溫，《藥性論》謂其：「宜利五臟六腑壅滯，破堅滿氣，下水腫，治心痛，風血積聚。」鯉魚所含的蛋白質不但含量高，而且質量佳，人體消化吸收率可達96%，並能供給人體必需的氨基酸、礦物質、維他命A和維他命D。

Tips

「活吃鯉魚」是道名菜，但對健康不利。

雞魚嫩粟米

魚肚50克，雞脯肉100克，嫩粟米粒25克，
香菇、胡蘿蔔、芹菜各10克，
鹽、胡椒粉、澱粉、黃酒適量。

做法

將雞脯肉切小丁，加鹽、胡椒粉、濕澱粉、黃酒拌勻，稍醃5分鐘，入沸水中焯過，撈起瀝水待用。炒鍋上火，倒入鮮湯，放入已泡發和用沸水焯過的魚肚，煮5分鐘後盛入盤中。原鍋中放入香菇丁、胡蘿蔔丁、芹菜梗段，稍煮片刻，撈起放魚肚盤中。原鍋中再放入粟米粒，加鹽、醬油、胡椒粉、雞肉丁同煮至熟透，用濕澱粉勾成厚芡，使汁收濃，淋在魚肚盤中即成。

橘皮豆腐乾

乾橘皮15克，豆腐乾250克，黃酒、醬油、糖、鹽適量，乾辣椒、花椒、生薑少許。

功效

此菜可補益脾胃，理氣開胃。適用於各型脂肪肝。

做法

將豆腐乾切絲。炒鍋上火，放油燒熱，下入豆腐乾絲炸透撈出。乾辣椒和乾橘皮也放入鍋中炸，撈出碾末。鍋留底油，下入炸乾辣椒末、花椒、生薑、葱，倒入炸豆腐乾絲，加黃酒、醬油、白糖、鹽、鮮湯，燒開後，改小火燜一會兒，再改中火收汁，撒入橘皮末，翻炒幾下，淋上麻油即成。

豆腐乾營養豐富，含有大量蛋白質、脂肪、碳水化合物，還含有鈣、磷、鐵等多種人體所需的礦物質。橘皮味辛苦，性溫，有理氣調中，燥濕化痰功效，可用於治療脾胃氣滯，脘腹脹滿，嘔吐，或濕濁中阻所致胸悶、納呆、便溏等。

Tips

豆腐營養豐富，消化吸收率高，為脂肪肝患者佳品。

功效

此菜雙補氣血，滋陰補虛。適用於各型脂肪肝。

魚肚營養價值很高，含有豐富的蛋白質和脂肪、主要營養成分是黏性膠體高級蛋白和多糖物質。雞胸肉高蛋白，低脂肪，雞肉蛋白質易被人體吸收入利用，有增強體力，強壯身體的作用，所含對人體生長發育有重要作用的磷脂類，是中國人膳食結構中脂肪和磷脂的重要來源之一。

Tips

感冒發熱、內火偏旺、痰濕偏重之人慎食。

魚片煨豆腐

豆腐500克，魚肉150克，雞蛋白1個，葱、薑、花椒水、黃酒、鹽適量。

功效

健脾益氣，活血化瘀。適用於脾氣虛弱型脂肪肝及高血脂症、冠心病等。

做法

將豆腐切成小薄片，用開水燙一下，撈出瀝水。將魚去皮、骨，切成小薄片，用雞蛋白拌勻，再用熱油滑一下撈出。炒鍋上火，放油燒熱，用葱花、生薑末熗鍋，加入鮮湯，將花椒水、黃酒、鹽放入鍋裏，湯開後，將豆腐片和魚片一齊下鍋，用小火煨2-4分鐘，用濕澱粉勾芡即成。

魚肉中富含維他命A、鐵、鈣、磷等，魚肉的脂肪多由不飽和脂肪酸組成，不飽和脂肪酸的碳鏈較長，具有降低膽固醇的作用；豆腐營養豐富，含有鐵、鈣、磷、鎂等人體必需的多種微量元素，還含有糖類、植物油和豐富的優質蛋白，素有「植物肉」之美稱。

Tips

魚、蛋與豆製品同食，營養可以互補，增強食療功效。

苦瓜馬齒莧

新鮮苦瓜250克，鮮馬齒莧200克，白糖30克。

做法

將新鮮苦瓜、馬齒莧分別去雜，洗淨，晾乾。苦瓜剖開後去籽切成片，馬齒莧切碎，共搗爛如糊狀，放入碗中，加白糖，充分拌和均勻，2小時後將液汁濘出即成。

荔荷燉鴨

鮮荷花2朵，淨鴨1隻，
荔枝肉250克，豬瘦肉100克，
火腿100克，葱、生薑、
黃酒適量。

功效

此菜可滋陰生津。適用於肝腎陰虛型脂肪肝。

做法

將洗淨的荔枝肉一切為二。荷花洗淨，掰下花瓣，疊放。熟火腿切粒。豬肉洗淨，切塊。將荷花略燙後，撈出，將淨鴨焯1分鐘，取出，放入火腿、豬肉稍焯，撈出控乾。取燉盅，放入火腿粒、豬瘦肉塊、鴨、葱、生薑、黃酒，倒入鮮湯，蒸30分鐘取出，放入荔枝肉、荷花、鹽，再燉15分鐘即成。

鴨肉性味甘、寒，入肺胃腎經，有滋補、養胃、補腎、除癆熱骨蒸、消水腫、止熱痢、止咳化痰等作用。荷花能活血止血、去濕消風、清心涼血、清熱解毒。荔枝肉含豐富的維他命C和蛋白質，有助於增強機體免疫功能，提高抗病能力。

Tips

鴨肉性涼，脾胃陽虛，經常腹瀉者忌用。

功效

適用於肝經濕熱型脂肪肝。

苦瓜具有清熱消暑、養血益氣、補腎健脾、滋肝明目的功效；馬齒莧性寒，味甘酸，含有一種叫做3-W的不飽和脂肪酸，能抑制膽固醇和三醯甘油的生成，對心血管有保護作用。兩者同用能降脂減肥，清肝化濕。

Tips

孕婦禁食馬齒莧。

銀鈎肉味海帶

水發海帶250克，瘦肉50克，蝦仁30克，生薑、蒜頭、鹽、醬油、黃酒適量。

功效

此菜可降低血液黏稠度，減少脂肪積聚，是極好的高脂類病人的保健菜餚。

做法

先把海帶洗淨切成絲；投進沸水鍋中焯一下撈出待用；生薑、蒜頭切末；蝦仁用濕澱粉上漿後放進沸水鍋中焯一下撈出形似銀鈎。先將煎碟放進微波爐內加熱2分鐘，放一點色拉油，放進一點生薑末和蒜末爆一下出香味後，再放進肉末炒勻變色，把海帶絲投進煎碟中，加進食鹽、醬油、黃酒和適量淨水炒勻，用保鮮膜包緊，放進微波爐中繼續加熱3分鐘取出後，再加進蝦仁續燒2分鐘取出即可。

海帶味鹹、性冷，每100克含蛋白質8.2克，有豐富的維他命和礦物質，再配一點瘦肉和蝦仁(瘦肉和蝦仁含高蛋白低脂肪)營養更好。

Tips

對蝦仁過敏者慎用。

竹笙菜心

水發竹笙50克，鮮湯750克，熟火腿片25克，青菜心50克，黃酒、鹽適量。

做法

將竹笙洗淨，切去老根，放入沸水鍋中焯透撈出，擠乾水，切成6厘米長的段，再用刀改成四瓣，放入沸水鍋中略焯，撈出。青菜心洗淨，放沸水鍋中略焯，撈出。炒鍋上大火，加入鮮湯，放入竹笙、熟火腿片燒沸，加黃酒、鹽、青菜心再燒沸，撇去浮沫，起鍋盛入湯碗內即成。

豌豆茭白

嫩豌豆250克，茭白300克，鹽、黃酒、澱粉適量。

功效

此菜能清熱解毒，除煩消渴。適用於各型脂肪肝及糖尿病、習慣性便秘等。

做法

炒鍋上火，放油燒至五成熱，放豌豆、茭白塊，當豌豆熟時倒入漏勺瀝油。鍋上火，放油燒熱，加入雞湯，倒入豌豆、茭白塊，加鹽、黃酒燒沸，用濕澱粉勾芡，起鍋裝入盤內。

豌豆中富含人體所需的各種營養物質，尤其是含有優質蛋白質，可以提高機體的抗病能力和康復能力，豌豆中富含粗纖維，能促進大腸蠕動，保持大便通暢，起到清潔大腸的作用。茭白富含碳水化合物、膳食纖維、蛋白質、脂肪及核黃素、維他命E、鉀、鈉等，也有部分有機氮以氨基酸形式存在，味道鮮美。

Tips

不適宜脾虛胃寒者。

功效

適用於各型脂肪肝及高血脂症、高血壓病等。

竹笙含有豐富的多種氨基酸、維他命、無機鹽等，具有滋補強壯、益氣補腦、寧神健體的功效；竹笙能夠保護肝臟，減少腹壁脂肪的積存，有俗稱「刮油」的作用，從而產生降血壓、降血脂和減肥的效果；青菜性溫，味甘，清熱除煩，行氣祛瘀，消腫散結，通利胃腸，清火養胃。

Tips

竹笙性涼，脾胃虛寒者不宜食太多。

淮山泥

淮山200克，豆沙150克，山楂糕100克，濕澱粉50克，白糖50克。

功效

此菜能降脂減肥，健脾止瀉，和胃消食。適用於各型脂肪肝。

做法

淮山研成粉末，加白糖和水攪拌成細泥。山楂糕加工成細泥，加入白糖，拌勻。濕澱粉調勻豆沙。將淮山泥、山楂糕泥和豆沙分別置於碗內，上籠蒸透。用豬油分別將淮山泥、山楂糕泥和豆沙調至濃稠，置於盆中，各成一堆。將白糖加水燒沸，然後加入濕澱粉，調成汁，分別澆在三泥上面即成。

專家點評

淮山味甘、性平，《本草求真》:「入滋陰藥中宜生用，入補脾肺藥宜炒黃用。」具有健脾補肺、益胃補腎、固腎益精、聰耳明目、助五臟、強筋骨、長志安神、延年益壽的功效。

Tips

大便燥結者不宜食用。

炸山楂香蕉

山楂18個，香蕉3隻(重約350克)，白糖30克，雞蛋2個。

功效

養胃消食，潤腸通便。適用於各型脂肪肝及習慣性便秘等。

做法

將山楂洗淨，切成兩半，去核。香蕉去皮，與山楂同壓成泥，加入白糖拌勻，擠成18個大小相等的丸子待用。雞蛋液放入碗內，用筷子或打蛋器打至起泡，插入筷子能立住後，放入乾澱粉抓勻。炒鍋上火，放油燒至四成熱，取山楂香蕉丸子掛勻蛋泡糊，放入油中炸至淺黃色，撈出控油即成。

專家點評

山楂味酸甘，性微溫，有消食健胃、活血化瘀、收斂止痢之功能。山楂中脂肪酶可促進脂肪分解。香蕉營養高、熱量低，含有稱為「智慧之鹽」的磷，又有豐富的蛋白質、糖、鉀、維他命A和C，同時膳食纖維也多，是相當好的營養食品。

Tips

香蕉性質偏寒，胃痛腹涼、脾胃虛寒的人應少吃。

第六章

脂肪肝患者的湯羹

赤小豆鯉魚湯

赤小豆150克，
鯉魚1條（約500克），
玫瑰花6克。

功效

可保肝降脂，適用於各型脂肪肝。

做法

將鯉魚活殺去腸雜，與另兩味加適量水，共煮至爛熟。去花調味。

食用方法：分2-3次服食。

赤小豆含有多量對於治療便秘的纖維及促進利尿作用的鉀，此兩種成分均可將膽固醇及鹽分對身體不必要的成分排泄出體外，因此被視為具有解毒的效果。鯉魚的脂肪多為不飽和脂肪酸，能很好地降低膽固醇，可以防治動脈硬化、冠心病。玫瑰花可理氣解鬱、和血止痛。

Tips

鯉魚營養豐富，但素體陽亢及瘡瘍者慎食。

首烏鯉魚湯

製首烏30克，活鯉魚1條（重約500克），
葱、薑、黃酒、鹽、五香粉、麻油適量。

做法

將製首烏切成薄片。將活鯉魚宰殺洗淨後，將製首烏薄片塞入腹中，放入煮沸的湯鍋中，用大火再煮至沸，烹入黃酒，並加葱花、生薑末，改用小火煮30分鐘，待鯉魚肉熟爛時，加入少許鹽、五香粉，拌和均勻，淋入麻油即成。

食用方法：佐食食用。

黑魚冬瓜湯

黑魚1條，冬瓜250克，蔥、生薑、鹽各適量。

功效

此湯能保肝降脂。適用於脂肪肝等。

做法

將黑魚洗淨，去鱗和腸雜，冬瓜切塊，然後一起入鍋煮，加調味品。

食用方法：分 2 次服用。

黑魚味甘，性寒，黑魚肉中含蛋白質、脂肪、18種氨基酸等，還含有人體必需的鈣、磷、鐵及多種維他命；冬瓜味甘淡，性微寒，有降脂的作用。

Tips

對墨魚肉過敏者慎食。

功效

適用於肝腎陰虛型脂肪肝。

製首烏能減少肝內膽固醇的沉澱，鯉魚的脂肪多為不飽和脂肪酸，能很好地降低膽固醇。此湯有補益肝腎、養血生精、消脂的作用。

Tips

生首烏有滑腸通便作用，藥膳應用炮製過的首烏。

紅白魚丸湯

番茄250克，魚肉250克，嫩豆腐250克，蔥花、薑片、雞精、香油各適量。

功效

此湯有健脾消食，養陰潤燥，去脂降壓，補虛益氣等作用。

做法

將番茄洗淨、切塊。豆腐切塊待用。將魚肉洗淨，瀝乾水分，剁成泥，調味，放入蔥花攪勻，做成魚丸子，待用。把豆腐、番茄一起放入鍋中煮沸後放入魚丸子，加薑片、雞精、淋入香油，煮熟即可。

食用方法：當湯佐餐，隨意服食。

番茄含有果酸，能降低膽固醇含量，對高血脂症有益。魚肉的脂肪多由不飽和脂肪酸組成，不飽和脂肪酸的碳鏈較長，具有降低膽固醇的作用。嫩豆腐有高蛋白，低脂肪，降血壓，降血脂，降膽固醇的功效。

Tips

脾胃虛寒，經常腹瀉便溏者忌食。

竹笙海螺湯

海螺肉400克，豌豆苗50克，竹笙10克，黃酒、鹽、蔥段各適量。

做法

將海螺肉去雜，加入少量鹽，去黏液後洗淨切成片，放入沸水鍋中焯透撈出。竹笙用清水泡軟，洗去泥沙，切去兩頭，再漂洗至白色時撈出，切成段。豌豆苗去雜洗淨。湯鍋上火，放入清水、竹笙、黃酒、螺肉片，燒煮開後放入豌豆苗、蔥段，再煮一會，起鍋裝盤即成。

食用方法：佐餐食用。

首烏大棗牛肉湯

製首烏30克，大棗10枚，鮮嫩牛肉150克，熟竹筍30克，薑、葱、鹽等調料适量。

功效

此湯補益肝腎，滋陰降脂。適用於肝腎陰虛型脂肪肝。

做法

將製首烏洗淨，切成薄片。將鮮嫩牛肉洗淨後切成薄片，用濕澱粉抓揉一下，盛入碗中，待用。熟竹筍切成薄片，放油鍋中煸炒片刻，加入牛肉片，滑散後烹入黃酒，加鮮湯或雞湯適量，再加入製首烏薄片及大棗，並加入葱花、生薑末，燜燒20分鐘，待牛肉熟爛，加鹽、五香粉，用濕澱粉勾芡，淋入麻油即成。

食用方法：當湯佐餐，隨意服食，當日吃完。

牛肉蛋白質含量高，而脂肪含量低，所以味道鮮美，受人喜愛，享有「肉中驕子」的美稱；竹筍具有低糖、低脂的特點，富含植物纖維，可降低體內多餘脂肪，消痰化瘀滯；大棗補脾和胃，益氣生津，調營衛，解藥毒；首烏補肝腎、益精血。

Tips

內熱盛者忌食。

功效

養肝明目，滋腎補中。適用於脂肪肝、高血脂症、高血壓等。

海螺肉富含蛋白質、維他命和人體必需的氨基酸和微量元素，是典型的高蛋白、低脂肪、高鈣質的天然動物性保健食品，豌豆苗含鈣質、維他命B雜、維他命C和胡蘿蔔素，有利尿、止瀉、消腫、止痛和助消化等作用。竹笙能補氣養陰、潤肺止咳、清熱利濕。

Tips

中焦虛寒，大便滑泄者慎用。

竹笙銀耳湯

竹笙20克，銀耳10克，雞蛋、鹽各適量。

功效

減肥美容，降脂降壓。適用於脂肪肝、高血脂症、高血壓病等。

做法

將竹笙加工洗淨，銀耳用水泡發洗淨去蒂，雞蛋打入碗中攪成糊。鍋中加水煮沸，倒入雞蛋糊，加入竹笙、銀耳，用小火燉30分鐘，加鹽調味即成。

食用方法：佐餐食用。

竹笙能夠保護肝臟，減少腹壁脂肪的積存；銀耳中含有蛋白質、脂肪和多種氨基酸、礦物質及肝糖。

Tips

外感風寒、出血症患者慎用。

瘦肉海藻湯

豬瘦肉150克，海藻30克，夏枯草30克，鹽適量。

做法

將豬瘦肉切絲，兩藥用紗布包好，同入砂鍋內煮湯，加入鹽，即成。

食用方法：飲湯食肉。每天或隔天1次。

脊骨海帶湯

海帶絲、動物脊骨各適量，鹽、醋、胡椒粉各少許。

功效

此湯可降脂補髓，適用於脂肪肝患者。

做法

將海帶絲洗淨，先蒸一下；將動物脊骨燉湯，湯開後去浮沫，投入海帶絲燉爛，加鹽、醋、胡椒粉等調料即可。

食用方法：食海帶，飲湯。

海帶中的多糖有降血脂作用；動物脊骨味甘、性微溫，可滋補腎陰，填補精髓。

Tips

脾胃虛寒者忌食，身體消瘦者不宜食用。

功效

此湯能降脂，化濁，軟堅，散結，清肝。適用於脂肪肝。

豬瘦肉性味甘鹹平，含有豐富的蛋白質及脂肪、碳水化合物、鈣、磷、鐵等成分。海藻性味鹹寒，具有清熱、軟堅散結的功效。夏枯草味苦辛，性寒，能清肝火，散鬱結。

Tips

脾胃虛寒者忌用。

女貞旱蓮豬肝湯

女貞子15克，墨旱蓮15克，豬肝250克，鹽適量。

功效

此湯能補益肝腎、滋陰止血。適用於肝腎不足型脂肪肝。

做法

將豬肝去筋膜後切片，將女貞子、墨旱蓮用紗布包好，將三者同放鍋內煮熟，去紗布包，加鹽調味即成。

食用方法：佐餐食用。

女貞子味甘苦，性涼；墨旱蓮味甘酸，性涼；豬肝含有豐富的鐵、磷，它是造血不可缺少的原料，豬肝中富含蛋白質、磷脂醯膽鹼和微量元素。

Tips

高血壓、高血脂、冠心病患者忌食。

薏米鴨肉冬瓜湯

薏米40克，鴨肉、冬瓜各800克，豬瘦肉100克，肉湯1500克，葱、薑、黃酒、鹽、胡椒粉適量。

做法

將鴨肉洗淨切長方塊；豬肉洗淨，切長方塊；冬瓜去皮洗淨切長方塊。炒鍋上火，放油燒至六成熱，下生薑、葱燜出香味，注入肉湯、黃酒，下薏米、鴨肉、豬肉、鹽、胡椒粉煮至肉七成熟時，下冬瓜至熟。

食用方法：當湯佐餐，隨意服食。

赤小豆鴨湯

青頭鴨1隻（約重1000克），
赤小豆250克，
蔥、薑、鹽適量。

功效

此湯能健脾開胃，利尿消腫。適用於脾氣虛弱型脂肪肝。

做法

將鴨宰殺，去毛及內臟，洗淨。再將淘洗乾淨的赤小豆同草果一同裝入鴨腹內，縫合後將鴨放入鍋內，加適量水，用小火燉至鴨熟爛時，加適量蔥白，鹽、生薑汁即成。

食用方法：空腹飲湯。

鴨肉味甘、性寒，有滋補、養胃、補腎、除癆熱骨蒸、消水腫、止熱痢、止咳化痰等作用，鴨肉中的脂肪酸主要是不飽和脂肪酸和低碳飽和脂肪酸，對脂肪肝患者有益。赤小豆味甘，性平，含蛋白質、脂肪、糖類、磷、鈣、鐵，維他命B_1、B_2等成分。

Tips

鴨肉性涼，脾胃陽虛，經常腹瀉者忌用。

功效

此湯益陰清熱、健脾消腫、降脂。適用於脾氣虛弱型脂肪肝。

薏米味甘淡，性涼，可以降低血中膽固醇及三醯甘油；冬瓜味甘淡，性微寒，所含膳食纖維能降低體內膽固醇和血脂；鴨肉性微寒，味甘鹹平；豬瘦肉性平味甘鹹。

Tips

腎虛者是不宜多服。

番茄雞蛋湯

番茄200克，雞蛋1個，
素油或香油5克，雞精少許。

功效

此湯具有健胃消食、生津止渴、止血利尿、養血補血、滋陰潤燥、潤膚養顏、去脂護肝等作用。對脂肪肝患者有用。

做法

番茄洗淨切成厚片，待用。將雞蛋打發成蛋糊待用。番茄在素香油裏煸炒一下即放清水，旺火煮開時緩慢倒入蛋糊，當湯微開時加入雞精，即可食用。

食用方法：隔天 1 次，佐餐用。

番茄味甘、酸，性涼，微寒。雞蛋味甘、性平，可補肺養血、滋陰潤燥。

Tips

對雞蛋過敏者忌食。

莼菜豆腐湯

莼菜200克，嫩豆腐400克，生薑、鹽、麻油適量。

做法

將鍋上火，加入清水適量，投入生薑末煮沸，放入切成片的豆腐，煮至豆腐浮起，立即撈出，再將洗淨的莼菜投入湯內煮沸，加鹽，豆腐倒入湯中，淋入麻油即成。

食用方法：當湯佐餐，隨意服食，當日吃完。

絲瓜油豆腐湯

絲瓜400克，油豆腐100克，植物油、鹽各適量。

功效

清熱解暑，通絡散瘀。適用於脂肪肝、高血脂症等。

做法

將新鮮油豆腐切成段，絲瓜切去蒂，輕輕刮去外皮，洗淨，切成滾刀塊。油鍋上火，放入絲瓜和油豆腐迅速翻炒，隨加適量清水，待沸後用鹽調味即成。

食用方法：佐餐食用。

絲瓜味甘、性涼，有清暑涼血、解毒通便、祛風化痰、潤肌美容等作用，油豆腐富含優質蛋白、多種氨基酸、不飽和脂肪酸及磷脂等，鐵、鈣的含量也很高。

Tips

消化不良、胃腸功能較弱者慎食。

功效

此湯可清熱解毒，活血化瘀。適用於各型脂肪肝及糖尿病等。

蒓菜含有豐富的膠質蛋白、碳水化合物、脂肪、多種維他命和礦物質，具有藥食兩用的保健作用；豆腐營養豐富，不含膽固醇，含有豐富的優質蛋白，素有「植物肉」之美稱。

Tips

蒓菜性寒而滑，多食易傷脾胃，發冷氣，損毛髮，故不宜多食。

綠豆冬瓜湯

綠豆300克，冬瓜1000克，鮮湯500克，葱、薑、鹽適量。

功效

此湯清熱消暑、祛瘀解毒、降脂降壓，適用於各型脂肪肝及高血脂症、冠心病、高血壓病等。

做法

將鍋洗淨上火，倒入鮮湯燒沸，去泡沫。生薑拍破放入鍋內，葱去根須，洗淨，挽成結入鍋。綠豆淘洗乾淨後放入湯鍋，中火煨煮1小時。冬瓜去皮、瓤，洗淨，切塊，投入綠豆湯鍋內，煮至軟而不爛，調入適量鹽即成。

食用方法：當湯佐餐，隨意服食，當日吃完。

綠豆有顯著降脂作用，綠豆中含有一種球蛋白和多糖，能促進動物體內膽固醇在肝臟分解成膽酸，加速膽汁中膽鹽分泌和降低小腸對膽固醇的吸收；冬瓜中的膳食纖維含量很高，能刺激腸道蠕動，使腸道裏積存的致癌物質儘快排泄出去。

Tips
綠豆性寒，素體虛寒者不宜多食或久食，脾胃虛寒泄瀉者慎食。

牡蠣冬瓜湯

牡蠣30克，冬瓜250克，蝦皮15克，香菇15克，鹽、麻油適量。

做法

將牡蠣洗淨後切片，備用。蝦皮、香菇分別用溫開水浸泡，香菇切成兩半，與蝦皮同放入鍋中，待用。將冬瓜去瓤、子，切去外皮，洗淨後剖切成塊，待用。燒鍋上火，放油燒至六成熱，加入冬瓜塊煸炒片刻，再加入蝦皮、香菇、牡蠣片及適量清水，大火煮沸，改用小火煨煮30分鐘，加適量鹽，拌勻，再煮至沸，淋入麻油即成。

食用方法：當湯佐餐，隨意服食，當日吃完。

平菇枸杞茯苓湯

平菇100克，枸杞子25克，
茯苓15克，鹽適量。

功效

有健脾消脂之功效，適用於各型脂肪肝。

做法

將平菇切片，將三者共置砂鍋內煮湯，沸後加入鹽調味即成。

食用方法：飲湯食平菇、枸杞。

專家點評

平菇含有多種維他命及礦物質，可以改善人體新陳代謝、增強體質、調節自主神經功能等作用，故可作為體弱病人的營養品，對肝炎、慢性胃炎、胃和十二指腸潰瘍、軟骨病、高血壓等都有療效。研究證實枸杞子可調節機體免疫功能、具有延緩衰老、抗脂肪肝、調節血脂和血糖、促進造血功能等方面的作用。茯苓健脾利濕，利水消腫。

Tips

外邪實熱，泄瀉者忌服。

功效

此湯可化濕消腫、軟堅散結、消脂減肥，適用於痰瘀交阻型脂肪肝。

專家點評

冬瓜中所含的丙醇二酸，能有效地抑制糖類轉化為脂肪，加之冬瓜本身不含脂肪，熱量不高，有益於脂肪肝；蝦皮中含有豐富的蛋白質和礦物質，有「鈣庫」之稱；香菇素有「山珍之王」之稱，是高蛋白、低脂肪的營養保健食品。

Tips

冬瓜性寒涼，脾胃虛寒易泄瀉者慎用；久病與陽虛肢冷者忌食。

玉米鬚冬葵子赤豆湯

玉米鬚60克，冬葵子15克，赤小豆100克，白糖適量。

功效

適用於肝經濕熱型脂肪肝。

做法

將玉米鬚、冬葵子煎水取汁，入赤小豆煮成湯，加白糖調味。

食用方法：分2次飲服，吃豆，飲湯。

玉米鬚味甘淡，性平，冬葵子味甘苦，性微寒，赤小豆味甘，性平。三者合用可保肝降脂。

Tips

脾虛腸滑者慎服，孕婦忌服。

菠菜蛋湯

菠菜200克，雞蛋2個，鹽適量。

做法

將菠菜洗淨，入鍋內煸炒，加適量水，煮沸後打入雞蛋，加鹽調味。

食用方法：佐食食用。

冬瓜三豆湯

冬瓜250克，蠶豆100克，綠豆60克，白扁豆30克。

功效

此湯有健脾利濕、清暑消腫之作用。適用於糖尿病、高血脂症、脂肪肝等。

做法

將冬瓜洗淨，去皮，切塊，同蠶豆、綠豆、白扁豆一同放入砂鍋中，加適量水煨煮1小時，取湯即成。

食用方法：每日早晚分飲。

冬瓜味甘淡，性微寒，有清熱解毒、利水消痰、除煩止渴、祛濕解暑之作用。蠶豆中的蛋白質含量豐富，且不含膽固醇，綠豆味甘，性寒。白扁豆味甘，性微溫，有健脾養胃、解暑化濕、補虛止瀉的功效。

Tips

冬瓜性寒涼，久病與陽虛肢冷者忌食。

功效

適用於脂肪肝等。

菠菜性涼，味甘辛，補血止血，利五臟，通血脈，止渴潤腸，滋陰平肝，助消化。和雞蛋同用熬湯可保肝降脂。

Tips

腸胃虛寒腹瀉者少食，腎炎和腎結石患者不宜食用。

扁豆大棗白芍湯

白扁豆粒50克，大棗15枚，白芍10克，陳皮6克。

功效

此粥能健脾和胃，養血柔肝。適用於脾氣虛弱型脂肪肝。

做法

將白扁豆粒、大棗洗淨，與白芍、陳皮一同放入砂鍋中，加水適量，濃煎2次，每次30分鐘，用潔淨紗布過濾，合併2次濾汁，混勻即成。

食用方法：每日早晚分飲。

白扁豆性微溫、味甘，有健脾養胃、解暑化濕、補虛止瀉的功效。大棗味甘，性溫，補中益氣，養血安神。白芍性涼，味苦酸，能養血柔肝、緩中止痛、斂陰收汗。陳皮性溫，味辛苦，能理氣健脾、調中、燥濕、化痰。

Tips

虛寒腹痛泄瀉者慎食。

海鮮黃瓜湯

黃瓜（青瓜）150克，水發海參50克，蝦米50克，乾貝50克，鮮湯300克，鹽、葱薑汁、香菜、麻油各適量。

做法

將黃瓜洗淨後對切為兩大片，再切成薄片。水發海參切成片。香菜梗切成段。炒鍋上大火，加入鮮湯、鹽、黃酒、葱薑汁、燒沸，再加入海參、蝦米、乾貝燒沸，用手勺撇去浮沫，加入黃瓜、香菜，淋上麻油，盛入湯碗中即成。

食用方法：佐餐食用。

金針菇參麥湯

金針菇250克，白參3克，
麥冬15克，五味子10克，
淮山30克，髮菜30克，鹽適量。

功效

此湯能補氣養陰，益精健身。適用於脾氣虛弱型脂肪肝。

做法

將白參切片；麥冬、五味子、淮山用紗布包裹；金針菇、髮菜洗淨，將上料共置砂鍋內煮湯，煮沸後再加鹽調味即成。

食用方法：飲湯吃白參、金針菇。

金針菇能抑制血脂升高，降低膽固醇；白參性味甘平，微苦稍寒，具有補氣生津、寧神益智的功效；麥冬味甘，性微苦寒，能養陰生津，潤肺清心。

Tips

禁食不熟的金針菇。

功效

此湯能消食開胃，適用於各型脂肪肝及高血脂症等。

黃瓜味甘，性涼；乾貝性平，味甘鹹；海參味甘鹹，性微寒；補腎益精、養血潤燥、止血；蝦米味甘鹹，性溫。

Tips

脾虛不運、外邪未盡者禁服。

橘子山楂湯

糖水橘子300克，
糖水山楂300克，
白糖、白醋、糖桂花適量。

功效

適用於脾氣虛弱型脂肪肝及慢性肝炎等。

做法

鍋上火，將糖水橘子、糖水山楂連同原汁倒入鍋內，再加入清水、白糖燒沸，然後調入白醋、糖桂花，起鍋裝碗即成。

食用方法：當點心食用。

橘子味甘酸，性平，能生津止渴、助消化、和胃、潤肺；山楂味酸、甘，性微溫，能降低膽固醇。此湯能開胃健脾，生津止渴。

Tips

橘子吃多易上火。

海帶決明子湯

海帶20克，決明子15克。

做法

將海帶水浸24小時後洗淨，切絲；決明子搗碎。兩味同煎湯即成。

食用方法：吃海帶飲湯，每日一次。

香蕉250克，橘子50克，
梨、蘋果各50克。

功效

軟化血管，祛脂降壓。適用於各型脂肪肝及高血脂症、高血壓病、冠心病等。

做法

將香蕉洗淨，去皮，切成小塊。橘子剝去外皮、去核，分成瓣，切丁。梨、蘋果洗淨，去皮、核，切成小丁。將切好的香蕉和水果三丁放入鍋內，加水，置火上燒開，濕澱粉勾芡，停火，晾涼即成。

食用方法：當點心吃。

香蕉含豐富的鉀、鎂，可防止損壞血管，抑制血壓升高。梨含有維他命B_1，能保護心臟，另含有維他命B_2，可增強心肌活力，降低血壓。

Tips

糖尿病伴脂肪肝患者慎食。

功效

此湯能平肝潛陽，降低血脂，軟堅散結。適用於脂肪肝。

海帶是一種營養價值很高的蔬菜，能降低膽固醇與脂的積聚；決明子清肝明目，利水通便，有緩瀉作用，降血壓降血脂。

Tips

脾胃虛寒、氣血不足者不宜服用。

銀耳羹

銀耳20克，山楂糕40克，白糖1匙。

具有滋養胃陰、強心補血、潤肺降壓、降血脂的作用。適用於肝腎陰虛型脂肪肝。

做法

銀耳用水沖洗後，用冷水浸泡1天，全部發透，摘洗乾淨，放入砂鍋內，並倒入銀耳浸液；山楂糕切小方塊，與白糖同加入銀耳鍋內，燉30分鐘，至銀耳爛，汁糊成羹離火。

食用方法：當點心吃，每次1小碗，每日1-2次，2日食完。

銀耳味甘淡，性平，含有蛋白質、脂肪和多種氨基酸、礦物質及肝糖；山楂味酸甘，性微溫，有降低血清膽固醇和降低血壓的作用。白糖味甘，性平。能潤肺生津，補中緩急。

Tips

熟銀耳忌久放。

第七章

脂肪肝患者的粥飯麵

綠豆銀耳粥

綠豆100克，銀耳30克，大米150克，白糖、山楂糕各適量。

功效

此粥可清熱消暑、滋陰潤肺、益胃護肝。適用於肝腎陰虛型脂肪肝等。

做法

將綠豆淘洗淨，用清水泡4小時。銀耳用清水泡1.5小時，摘去硬蒂，掰成小瓣。山楂糕切成小丁。將大米淘洗乾淨，放入鍋內，加入適量清水，倒入綠豆、銀耳，用大火煮沸後，轉小火煮至豆、米開花，粥黏稠即成。

食用方法：每日早、晚分食。食用時，將粥盛入碗內，加入白糖、山楂糕丁。

綠豆味甘，性寒，具有清熱解毒、消暑的作用。銀耳性平，味甘、淡，具有潤肺生津、滋陰養胃、益氣安神、強心健腦等作用。大米性平，味甘，具有健脾養胃、益精強志、聰耳明目之功效。

Tips

脾胃虛寒滑泄者忌之。

銀魚小米粥

銀魚乾50克，小米100克。

做法

將銀魚乾揀去雜質，洗淨，曬乾或烘乾，研成粉末狀，備用。再將小米淘洗乾淨，放入砂鍋，加適量水，大火煮沸後改用小火煮30分鐘，調入銀魚粉末，拌勻，小火煮至小米酥爛即成。

食用方法：早晚餐食用。

蟲草小米粥

北蟲草6克，小米100克，
蜂蜜10毫升。

功效

此粥可補虛益精、化痰降脂。適用於肝腎陰虛型脂肪肝等。

做法

將北蟲草洗乾淨，曬乾或烘乾，研成極細末，備用。將小米淘洗乾淨，放入砂鍋，加適量水，大火煮沸後，改用小火煨煮至小米酥爛，粥黏稠時，調入蟲草細末，拌和均勻，再以小火煨煮至沸，離火，兑入蜂蜜，調勻即成。

食用方法：早晚2次分服。

蟲草味甘，性平，具有補肺腎、止咳嗽、益虛損、養精氣之功能。小米味甘鹹，性涼，益氣、補脾、和胃、安眠。蜂蜜味甘，性平，能補中緩急、潤肺止咳、潤腸燥、解毒。

Tips

痰濕內蘊、中滿痞脹及便溏者禁服。

功效

此粥有滋陰補虛、通脈降脂之功效。適用於脂肪肝。

銀魚味甘，性平，能益脾胃，補氣潤肺，銀魚營養豐富，具有高蛋白、低脂肪之特點。小米味甘鹹，性涼。

Tips

銀魚味美，性味平和，諸無所忌。

冬瓜玉米粥

新鮮連皮冬瓜200克，
玉米粉100克。

功效

經常食用此粥有清熱利尿，袪瘀減肥的作用。適用於脂肪肝、高血脂症、高血壓病。

做法

將新鮮連皮冬瓜洗淨，切塊，放入砂鍋內，加適量清水，撒入玉米粉，以小火煮粥，煮至瓜爛熟即成。

食用方法：早晚餐食用。

冬瓜含蛋白質、糖類、胡蘿蔔素、多種維他命、粗纖維和鈣、磷、鐵，且鉀鹽含量高，鈉鹽含量低；玉米中含有大量的磷脂醯膽鹼、亞油酸、穀物醇、維他命E、纖維素等，具有降血壓、降血脂、抗動脈硬化等多種保健功效；玉米粉中含有亞油酸和維他命E，能使人體內膽固醇水平降低，從而減少動脈硬化的發生。

Tips

營養不良所致虛腫者慎用冬瓜皮。

大黃大棗小米粥

大黃3克，小米100克，大棗10枚。

做法

將大黃洗淨，切成片，曬乾或烘乾，研成極細末，備用。大棗洗淨後用溫水浸泡片刻，待用。將小米淘洗乾淨，放入砂鍋，加適量水，先用大火煮沸，倒入浸泡的大棗，繼續用小火煨煮至小米酥爛，粥稠時，調入大黃細末，拌勻，煮至沸即成。

食用方法：早晚餐食用。

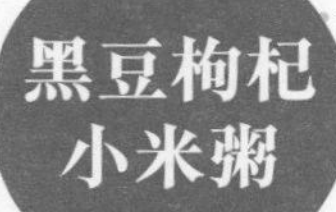

黑豆枸杞小米粥

黑大豆50克，小米100克，
枸杞子、山楂各30克，
紅糖10克。

功效

此粥有滋補肝腎、健脾降脂之功效。適用於肝腎陰虛型脂肪肝。

做法

將山楂、枸杞子洗淨，山楂切碎去核，兩者與洗淨的黑大豆同入砂鍋，加足量水，浸泡1小時。待黑大豆泡透，加入小米，用大火煮沸，改用小火煮1小時，待黑大豆酥爛，加紅糖拌勻即成。

食用方法：早晚餐食用。

黑豆，味甘，性平，有活血、利水、祛風、清熱解毒、滋陰補血、補虛烏髮的功能；枸杞子味甘，性平，補肝腎；紅糖性味甘甜、溫潤，溫脾陽；山楂消食降脂。

Tips
脂肪肝伴糖尿病患者忌食。

功效

此粥可除積祛瘀、活血降脂。適用於氣血瘀阻型脂肪肝等。

大黃性寒，味苦，具有瀉熱通腸、涼血解毒、逐瘀通經之功能。小米味甘鹹，性涼。大棗味甘，性溫，具有補中益氣、養血安神之功能。

Tips
痰濁偏盛，腹部脹滿，舌苔厚膩，肥胖者忌多食常食。

綠豆大棗小米粥

綠豆60克，陳皮5克，小米100克，大棗15枚。

功效

此粥有清化濕熱、降低血脂之功效。適用於肝經濕熱型脂肪肝。

做法

大棗洗淨後放入砂鍋，加適量清水，浸泡15分鐘。將陳皮洗淨、曬乾或烘乾，研成細末，備用。將綠豆、小米揀去雜質，淘洗乾淨後放入浸泡大棗的砂鍋中，再加適量清水，大火煮沸，改用小火煮1小時，待綠豆、小米酥爛，調入陳皮細末，拌和均勻即成。

食用方法：早晚餐食用。

綠豆味甘性寒，綠豆粉有顯著的降脂作用，所含的球蛋白和多糖能促進動物體內膽固醇在肝臟分解成膽酸，加速膽汁中膽鹽分泌和降低小腸對膽固醇的吸收。陳皮性溫，味辛苦。小米味甘鹹，性涼。大棗性溫，味甘。

Tips

脾胃虛弱者慎用。

牛奶大棗小米粥

鮮牛奶200毫升，大棗20枚，小米100克。

做法

將大棗用溫水浸泡30分鐘，洗淨，去核，備用。將小米淘洗乾淨，放入砂鍋，加適量水，大火煮沸，加入浸泡的大棗，改用小火煮至小米酥爛，粥將成時兑入鮮牛奶，繼續用小火煮至沸即成。

食用方法：早晚餐食用。

海帶黑豆大棗粥

海帶30克，黑豆粉50克，大棗15枚。

功效

此湯可滋補肝腎，護肝降脂。適用於脂肪肝。

做法

將海帶放入米泔水中浸泡6-8小時，撈出，洗淨，切成小片狀，備用。將大棗洗淨、去核，放入砂鍋，加適量水，煎煮30分鐘，加海帶片、黑豆粉，拌勻，用小火煮10分鐘即可。

食用方法：早晚餐食用。

海帶含有大量的不飽和脂肪酸和食物纖維，能清除附着在血管壁上的膽固醇，調理腸胃。黑豆的不飽和脂肪酸含量達80%，吸收率高達95%以上，有降低血中膽固醇的作用。大棗中含有可降低血糖和膽固醇含量等作用的皂類物質。

Tips

甲狀腺功能亢進患者不宜食海帶，因海帶中碘含量高，會加重病情。

功效

此粥有補虛益氣、活血降脂之功效。適用於脂肪肝。

牛奶的營養價值非常高，每100克牛奶中，含有脂肪3.1克、蛋白質2.9克、乳糖4.5克、礦物質0.7克、生理水88克，這些營養在我們的生命中都佔有重要位置；大棗中所含的糖類、脂肪、蛋白質是保護肝臟的營養劑；小米煮粥有養腸胃、止渴作用。

Tips

對牛奶過敏者忌服。

桃仁山楂貝母粥

桃仁、山楂、貝母各9克，
荷葉1/2張，粳米60克。

功效

活血化瘀、散結降脂，適用於脂肪肝。

做法

將桃仁、山楂、貝母、荷葉煎湯，去渣後入粳米煮粥。

食用方法：早晚餐食用。

桃仁味苦，性甘平，有破血行瘀、潤燥滑腸的功效，貝母味苦甘，性微寒，清熱潤肺、化痰止咳。山楂味酸、甘，性微溫，荷葉性平，味苦、味澀，此四種與粳米同熬粥有活血化瘀、散結降脂、緩中之功效。

Tips

妊娠脂肪肝患者慎服。

玉米山楂粥

玉米50克，山楂片10克，紅棗15枚，
小米100克，紅糖20克。

做法

將玉米去雜質，洗淨，用冷水泡發，研成玉米漿粉。將小米淘洗乾淨，放入砂鍋，加適量水，浸泡30分鐘，與洗淨去核的紅棗一起用中火煮沸，調入玉米漿粉，拌和均勻，改用小火煮1小時，待小米酥爛，粥黏稠時，調入搗爛的山楂片，繼續用小火煮至沸。拌入紅糖即成。

食用方法：早晚餐食用。

澤瀉山楂粥

澤瀉10克，山楂20克，小米100克，紅糖10克。

功效

具有消食導滯、化瘀消脂之功效。適用於脂肪肝。

做法

把澤瀉、山楂分別揀去雜質，洗淨後同放入砂鍋，加水煎煮40分鐘，過濾，取汁。將小米淘洗乾淨，入鍋後加水煮至小米酥爛、粥黏稠時，兌入澤瀉山楂煎汁，加入紅糖，用小火煮至沸即成。

食用方法：早晚分食，佐餐食用。

澤瀉味甘淡，性寒，可利水滲濕、泄熱通淋。山楂有降低血壓和膽固醇之功效。小米味甘鹹，性涼。紅糖味甘、性溫。

Tips

常服可收效。

功效

具有健脾開胃、補虛降脂之功效。適用於脂肪肝。

玉米味甘，性平，能調中健胃，利尿。山楂味酸甘，性微溫。可開胃消食、化滯消積、活血散瘀、化痰行氣。紅棗味甘性溫，有補中益氣、養血安神、緩和藥性的功能。小米養胃和中。紅糖調脾和中。

Tips

糖尿病患者慎服。

三七3克，山楂(連核)30克，小米100克。

功效

此粥有活血、滋腎養肝、化瘀降脂之功效。適用於脂肪肝。

做法

將三七洗淨，曬乾或烘乾，研成極細末。將山楂洗淨，切薄片。將小米淘洗乾淨，放入砂鍋，加入適量水，用大火煮沸，加入山楂片，改用小火共煨至小米酥爛，粥黏稠時加入三七細末，拌和均勻即成。

食用方法：早晚餐食用。

三七可以雙向調節血糖、降低血脂、膽固醇、抑制動脈硬化。山楂有防治心血管疾病，降低血壓和膽固醇、軟化血管及利尿和鎮靜作用。

Tips

脾胃虛弱者不宜多食。

冬瓜（連皮）500克，薏米100克，鹽適量。

做法

將薏米用清水浸泡20分鐘；冬瓜洗淨，連皮切成塊狀，同放砂鍋內，加清水適量，煮至薏米熟爛，加入鹽，拌勻即成。

食用方法：上下午分食。

薏米黑豆粥

黑豆100克，薏米60克。

功效

此粥有補腎強筋、利水消腫之功效。適用於脂肪肝、冠心病、高血壓等。

做法

將黑豆、薏米分別淘洗乾淨，放入鍋內，加適量清水，先以大火煮沸，再改用小火煮1小時左右，以黑豆熟爛為度，調味食用。

食用方法：上下午分食。

薏米味甘淡，性涼，有降血脂的作用。黑豆味甘、性平，有活血、利水、祛風、清熱解毒、滋養健血、補虛烏髮的功能。黑豆中含有能抑制膽固醇吸收的植物固醇。

Tips

脾胃虛弱者尤其適用。

功效

此粥健脾清熱，利濕減肥。適用於痰瘀交阻型脂肪肝及高血脂症、糖尿病、高血壓病等。

冬瓜性微寒，味甘淡，可清熱解毒、利水消痰、除煩止渴、祛濕解暑。薏米性涼，味甘、淡，可健脾滲濕，除痹止瀉。

Tips

脾虛無濕，大便燥結及孕婦慎服。

芹菜首烏瘦肉粥

芹菜 150 克，製首烏 30 克，豬瘦肉末 50 克，小米 100 克，黃酒、鹽各適量。

功效

此粥可滋養肝腎、清熱利濕、平肝降脂。適用於肝腎陰虛型脂肪肝。

做法

將製首烏洗淨、切片，曬乾或烘乾，研成細末，備用。將芹菜洗淨，取其葉柄及莖，細切成粉末狀，待用。將小米淘洗乾淨，放入砂鍋，加適量水，大火煮沸，加瘦肉末後烹入黃酒，改用小火煨煮30分鐘，調入芹菜粗末及製首烏末，拌和均勻，繼續用小火煨煮20分鐘，粥成時加適量鹽，拌勻即成。

食用方法：早晚餐食用。

《本經逢原》認為芹菜能「清理胃中濕濁」；製首烏可補肝腎、益精血、養心寧神；豬肉有滋養臟腑、滑潤肌膚、補中益氣之功效。

Tips
老人不宜多食肉。

芹菜陳皮粥

新鮮芹菜150克，陳皮5克，小米100克。

做法

將芹菜擇洗乾淨，除去根頭，將芹菜及葉柄切成粗末，備用。將陳皮洗淨後曬乾，研成細末，待用。將小米淘洗乾淨，放入砂鍋，加適量水，大火煮沸後，改用小火煨煮30分鐘，調入芹菜粗碎末，拌勻，小火煨煮至沸，加陳皮粉末，拌勻即成。

食用方法：早晚餐分食。

燕麥赤豆粥

燕麥片100克，赤小豆50克。

功效

該粥有健脾利水、降糖降壓之功效。適用於糖尿病、脂肪肝、冠心病、高血壓病、高血脂症等。

做法

將赤小豆去雜，洗淨，放鍋內，加適量水，煮至赤小豆熟爛開花，下入燕麥片攪勻即成。

食用方法：每日早晚分食。

燕麥中含有極其豐富的亞油酸，對脂肪肝、糖尿病、浮腫、便秘等有輔助療效；赤小豆含有較多的膳食纖維，具有良好的潤腸通便、降血壓、降血脂、調節血糖、解毒抗癌、預防結石、健美減肥的作用。

Tips

脾虛患者慎用。

功效

平肝降壓，降脂減肥。適用於脂肪肝。

芹菜營養十分豐富，100克芹菜中含蛋白質2.2克，鈣8.5毫克，磷61毫克，鐵8.5毫克，其中蛋白質含量比一般瓜果蔬菜高1倍，鐵含量為番茄的20倍左右，芹菜中還含豐富的胡蘿蔔素和多種維他命等，對人體健康都十分有益；陳皮理氣開胃、燥濕化痰。

Tips

氣虛體燥、陰虛燥咳、吐血及內有實熱者慎服。

赤小豆淮山粥

赤小豆60克，淮山50克，芡實、薏米、蓮子各25克，大棗15枚，糯米80克，白糖適量。

功效

此粥可健脾護肝，滋陰補虛。適用於脂肪肝等。

做法

將赤小豆、淮山、芡實、薏米、蓮子、大棗、糯米淘洗乾淨，一同放入鍋內，加入適量清水，先用大火煮沸，再轉小火煮熟爛，調入白糖，稍煮即成。

食用方法：早晚餐食用。

《本草綱目》言淮山「益腎氣，健脾胃，止泄痢，化痰涎，潤皮毛」；赤小豆「生津液，利小便，消脹，除腫，上吐」，並治「下痢、解酒毒，除寒熱癰腫，排膿散血，而通乳汁」。

Tips

淮山養陰能助濕，故濕盛中滿，或有積滯、有實邪者不宜。

蒲黃沙苑子粥

蒲黃15克，沙苑子15克，小米100克。

做法

把沙苑子揀去雜質，淘洗乾淨，晾乾後與蒲黃同放入綿紙袋中，封口掛線，備用。將小米淘洗乾淨，放入砂鍋，加適量水，大火煮沸，放入藥袋，線搭鍋邊，改用小火煮30分鐘，提出藥袋，繼續用小火煨煮至小米酥爛黏稠即成。

食用方法：早晚餐食用。

茵陳萊菔子粥

茵陳蒿10克，萊菔子20克，
粳米100克，蜂蜜20毫升。

功效

此粥有護肝利膽、順氣降脂之功效。適用於脂肪肝等。

做法

將茵陳蒿、萊菔子放入砂鍋，加水煎煮20分鐘，去渣取汁，與淘淨的粳米煮成稠粥，兑入蜂蜜，調匀即成。

食用方法：早晚2次分服。

茵陳蒿味苦辛，性涼，可清熱利濕。萊菔子味辛甘、性平，有消食導滯，降氣化痰的功效。粳米味甘淡，性平和。蜂蜜味甘，性平。

Tips

脾虛患者慎用。

功效

此粥清化濕熱、活血降脂。適用於肝經濕熱型脂肪肝。

蒲黃有止血、散瘀、利尿通淋的作用；沙苑子可溫補肝腎、固精、縮尿、明目；小米粒中含有較多的蛋白質、脂肪、糖類、維他命和礦物質，所含的小米油可降低血中膽固醇。

Tips

腎與膀胱偏於熱者禁用沙苑子。

決明菊花粥

炒決明子12克，白菊花9克，粳米100克，冰糖適量。

此粥有清肝降火、平肝潛陽、降脂之功效。適用於脂肪肝。

做法

將決明子和白菊花洗淨後，置鍋內加適量清水煮煎30分鐘，去渣取汁，再入粳米煮粥，加少許冰糖調味即成。

食用方法：早晚餐食用。

決明子富含大黃酚、大黃素、決明素等成分，具有降壓、抗菌和降低膽固醇的作用；常服菊花煎劑，對心臟有明顯擴張冠脈和增加冠脈流量，能降低血清甾醇和三醯甘油，並能降壓預防心絞痛；粳米所含人體必需氨基酸比較全面，粳米中的蛋白質、脂肪、維他命含量都比較多，多吃能降低膽固醇。

Tips

脾胃虛寒、脾虛泄瀉者慎用。

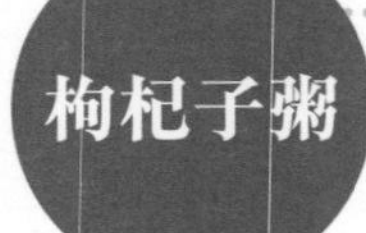

枸杞子20克，糯米50克，白糖適量。

做法

將枸杞子、白糖與淘洗乾淨的糯米一同放入砂鍋，加500毫升水，用大火燒開後轉用小火熬煮，待米花湯稠時再焖5分鐘即成。

食用方法：每日早晚溫服，可長期服用。

製何首烏粉15克，紅棗2枚，大米50克，白糖適量。

功效

此粥有補肝腎、益精血、通便、解毒之功效。適用於肝腎陰虛型脂肪肝等。

做法

將淘洗乾淨的大米、紅棗一同入鍋，加適量水，用旺火燒開後轉用小火熬煮粥，待粥半熟時加入何首烏粉，邊煮邊攪勻，至粥黏稠時即成，加入白糖調味。

食用方法：日服1劑，分數次食用。

何首烏味苦甘澀，性微溫，可養血滋陰、潤腸通便、截瘧、祛風、解毒。大棗味甘，性溫。大米性平，味甘。

Tips

大便稀薄和痰濕盛者不宜服用。

功效

此粥有養陰補血、益精明目之功效。適用於肝腎陰虛型脂肪肝及糖尿病、高血脂症。

枸杞子味甘，性平，可滋補肝腎、益精明目。糯米味甘、性溫，具有補中益氣、健脾養胃、止虛汗之功效。

Tips

有外感邪熱和脾虛濕盛時不宜服用。

香菇粥

小米50克，香菇50克。

功效

降血脂、補胃氣、防癌、抗癌。適用於脂肪肝。

做法

將小米煮粥，取其湯液，與香菇同煮至熟即成。

食用方法：日食3次，持續服用有效。

香菇味甘，性平，具有高蛋白、低脂肪、多糖、多種氨基酸和多種維他命。小米味甘鹹，有清熱解渴、健胃除濕、和胃安眠等功效。

Tips

此粥不宜太稀薄。

黃豆粥

黃豆（大豆）50克，小米100克。

做法

將黃豆洗淨，放入清水中浸泡過夜，次日淘洗乾淨。將小米淘洗淨，與黃豆同入砂鍋，加足量清水，大火煮沸後，用小火煮至黃豆酥爛為度。

食用方法：早晚餐食用。

大蒜粥

紫皮大蒜頭50克，
陳小米100克。

功效

此粥行氣除濁，降脂護肝。適用於脂肪肝。

做法

將紫皮大蒜頭除去外皮，洗淨後切碎，剁成蒜茸。將陳小米淘洗淨，放入砂鍋，加適量水，大火煮沸後改用小火煮至小米酥爛稠熟，粥將成時，調入紫皮大蒜茸，拌和均勻即成。

食用方法：早晚餐食用。

大蒜可防止心腦血管中的脂肪沉澱，誘導組織內部脂肪代謝，顯著增加纖維蛋白溶解活性，降低膽固醇。大蒜還能促進新陳代謝，降低膽固醇和三醯甘油的含量，並有降血壓、降血糖的作用，故對高血壓、高血脂、動脈硬化、糖尿病等有一定療效；小米益氣，補脾，和胃，安眠。

Tips

大蒜性溫，陰虛火旺及慢性胃炎潰瘍病患者應慎食。

功效

有健脾寬中、活血通脈、降肝脂之功效。適用於脂肪肝。

黃豆不含膽固醇，所含不飽和脂肪酸有降低膽固醇的作用，所含的皂甙黃豆纖維質能吸收膽酸，減少體內膽固醇的沉澱；小米含蛋白質、澱粉、糖類、脂肪、鈣、磷、鐵和菸酸等成分。

Tips

黃豆必須煮爛熟透。

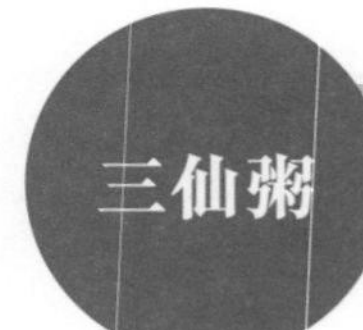

三仙粥

焦山楂、焦麥芽、焦穀芽各30克，粳米100克。

功效

此粥有消食開胃、祛瘀減肥之功效。適用於脂肪肝、高血脂症。

做法

將焦山楂、焦麥芽、焦穀芽與洗淨的粳米同入鍋中，加水煮成稀粥。

食用方法：早晚餐食用。

焦山楂性微溫，味酸甘，有消食健胃、活血化瘀、收斂止痢之功能。焦麥芽甘，平，可行氣消食、健脾開胃、回乳消脹。焦穀芽性溫，味甘，健脾開胃，和中消食。

Tips

此食療方可連續食用 1-2 個月。

銀杏葉粥

銀杏葉（乾品）20克，小米100克。

做法

將銀杏葉洗淨，放入紗布袋，與淘洗乾淨的小米一同放入砂鍋，加適量清水，大火煮沸後改用小火煮30分鐘，取出藥袋，繼續用小火煮至小米酥爛、粥黏稠時即成。

食用方法：早晚餐食用。

大麥菜飯

大麥仁250克，油菜200克，香腸100克，水發香菇50克，植物油、生薑末、鹽各適量。

功效

益氣寬中，清熱解毒，通利腸胃。適用於脾氣虛弱型脂肪肝。

做法

將大麥仁淘洗乾淨。香腸切成斜片。油菜洗淨後切成丁。水發香菇切成絲。壓力鍋中加適量水，加入淘好的大麥仁及香腸片，放在火上燜約10分鐘。炒鍋上火，放油燒熱，加入油菜丁、香菇絲、生薑末、鹽，翻炒幾下(不要炒熟)，倒入麥飯鍋內，攪拌勻，再燜2分鐘即成。

Tips

因大麥芽可回乳或減少乳汁分泌，故婦女在懷孕期間和哺乳期內忌食。

功效

該粥有化瘀降脂、益腎養心之功效。適用於氣滯血瘀型脂肪肝。

銀杏葉味甘苦澀，性平，有斂肺平喘、活血化瘀、通絡止痛之功效，可降低人體血膽固醇水平。小米味甘鹹，性涼。

Tips

有實邪者忌用。

大米250克，青江菜200克，
水發香菇50克，
植物油、生薑末、鹽適量。

功效

益氣寬中，清熱解毒，通利腸胃。適用於脾氣虛弱型脂肪肝。

做法

將大米淘洗乾淨。青江菜洗淨後切成長條狀。水發香菇切成絲。壓力鍋中加入適量水，入大米燜約10分鐘。炒鍋上火，放油燒熱，加入青江菜、香菇絲、生薑末、鹽翻炒幾下，倒入米飯鍋內，再燜2分鐘即成。

Tips

脾胃寒濕氣滯或皮膚瘙癢病患者忌食。

番茄炒麵

麵條500克，番茄醬50克，
洋蔥絲200克，鹽、植物油
各適量。

功效

健胃消食，生津潤腸。適用於脾氣虛弱型脂肪肝及高血脂症等。

做法

鍋上火，放入清水燒開，加入麵條煮熟，撈出，放入冷水中投涼，瀝乾水分。炒鍋上火，放入油燒熱，放入番茄醬煸炒出紅油後，加入鹽、麵條翻炒，再用小火燜一小會兒，放入洋蔥絲，炒出蔥香即成。

Tips

番茄醬長久加熱烹製後會失去原有的營養與味道。

豆腐蛋花湯麵

豆腐400克，麵條250克，雞蛋1個，黃瓜50克，鹽、胡椒粉、醋、雞湯各適量。

功效

清熱止渴，祛瘀降壓。適用於肝經濕熱型脂肪肝及高血壓病等。

做法

將豆腐切條。將黃瓜洗淨，切條。將麵條下入沸水鍋內，煮至八成熟撈出。鍋內放雞湯燒沸，放入麵條、豆腐煮沸。將攪勻的雞蛋下鍋內，再放入鹽、胡椒粉、黃瓜條，燒沸即成。

Tips

痛風病人慎食。

蝦米紫菜蕎麥麵

蕎麥麵粉250克，小麥麵粉200克，雞蛋2個，蝦米25克，香菇8朵，紫菜1張，生薑末25克，葱花50克，花椒葉、醬油、鹽、糖、海魚片各適量。

功效

清暑消食，健脾除濕。適用於脾氣虛弱型脂肪肝及高血脂症等。

做法

將蕎麥麵粉和小麥麵粉放入盆內，加適量鹽、清水和成麵糰，置20分鐘後，擀成1毫米厚的大片，切成3毫米寬的麵條，用沸水煮熟，撈出再用冷水浸涼，分成4等份，濾去水分，冷藏備用。紫菜撕成小碎片。蝦米用沸水浸泡30分鐘。香菇用沸水泡發後剪去柄部，用刀剞上米字形花紋。將適量鹽、醬油、白糖放入鍋內，再加香菇，用中火煮20分鐘後撈出，擠去水分。雞蛋打散後放入適量鹽。在煎盤內攤成薄片，然後切成2厘米長的菱形塊備用。鍋內放清水後上火煮沸，放入海魚片，2分鐘後撈出，放入醬油、鹽，煮沸後用勺撇去浮沫，再煮5分鐘，離火晾涼成蘸汁，放入冰箱冷藏。

Tips

對海鮮過敏者忌食。

家常蘑菇麵

麵條250克，蘑菇、菠菜各50克，水發黑木耳20克，植物油、鹽、生薑絲、胡椒粉、麻油、醬油、葱花、濕澱粉各適量。

功效

健脾開胃，養血止血，降脂降壓。適用於各型脂肪肝及高血壓病等。

做法

炒鍋上火，放清水燒開，下入麵條，煮熟撈出，盛入碗中。蘑菇擇洗乾淨，切片。黑木耳洗淨，切片。菠菜洗淨，切段，備用。炒鍋上火，放油燒熱，下生薑絲煸炒，再下入蘑菇、黑木耳、菠菜，煸炒幾下，放入清水、醬油、鹽，燒開後用濕澱粉勾芡，淋入麻油，撒上胡椒粉、葱花即成滷汁，把滷汁澆在麵條上，拌勻即成。

Tips

蘑菇性滑，便泄者慎食；禁食有毒野蘑菇。

豌豆肉丁麵

麵條200克，肉丁50克，豌豆100克，植物油、鹽、醬油、葱花、生薑、鮮湯、濕澱粉各適量。

功效

健脾和胃，清暑利濕。適用於脾氣虛弱型脂肪肝。

做法

將麵條放入開水鍋中煮熟，撈入碗中。炒鍋上火，放油燒熱，下入葱花、生薑末、肉丁煸炒變色，加醬油，炒幾下，放入豌豆、鮮湯，燒開後用小火煮熟，加鹽，用濕澱粉勾芡，倒入麵碗中，拌勻即成。

Tips

豌豆粒多食會發生腹脹，故不宜長期大量食用。

第八章

脂肪肝患者的點心

麥麩山楂茯苓糕

麥麩50克，山楂30克，茯苓粉50克，粟米粉100克，糯米粉50克，紅糖10克。

功效

養心益腎，補虛和血，散瘀降脂。適用於各型脂肪肝及高血壓病等。

做法

將麥麩、山楂去雜，再將山楂去核，切碎，曬乾或烘乾，與麥麩共研為細末。再與茯苓粉、粟米粉、糯米粉、紅糖一起拌和均勻，加水適量，用竹筷攪和成粗粉粒狀，分裝入8個糕模具內，輕輕搖實，放入籠屜，上籠用大火蒸30分鐘，粉糕蒸熟取出即成。

Tips

孕婦禁食，易促進宮縮，誘發流產。

桂花糯米豆沙糕

桂花3克，糯米500克，赤小豆500克，白糖30克，青梅脯、金糕各50克，熟豬油10克。

做法

將赤小豆淘洗乾淨，放入水中浸泡2小時後，再放入冷水鍋中，大火煮至酥爛，撈出晾涼，過篩去皮，做成豆沙。將熟豬油倒入鍋內，燒熱後加入白糖，待白糖溶化，倒入豆沙，用小火慢炒，炒至豆沙發亮、稠濃時，即成豆沙餡。將糯米淘洗乾淨後放在盆內，加適量水，放入蒸鍋內蒸熟，然後倒在案板上攤晾。將晾涼的糯米飯取一半在瓷盆內鋪平，壓成1.5厘米的薄片，上面抹上薄厚均勻的豆沙餡，然後再把另一半糯米飯鋪在豆沙上，用乾淨木板壓平；切成菱形塊放入盤中。將青梅脯、金糕切成細末，與桂花一起撒在切好的豆沙糕上，即成。

玫瑰糕

麵粉500克，麵種50克，食鹼5克，鮮玫瑰花、白糖各150克，葡萄乾、青梅各50克。

功效

活血消積，生津潤腸，祛瘀降脂。適用於氣血瘀滯型脂肪肝及高血脂症、冠心病。

做法

將麵種用溫水調勻，倒入盆內，再加入麵粉和適量水，和成麵糰，發酵。將鮮玫瑰花洗淨，搓碎。青梅切成小丁，與葡萄乾拌和在一起，備用。待麵糰發起後，加鹼揉勻，再加入鮮玫瑰花和白糖揉勻，然後擀成3厘米厚的四方形麵片，待用。將麵片逐個擀好後，光面朝上放在屜中，將青梅、葡萄乾均勻地撒在上面，稍按一下，在大火上蒸40分鐘即熟，取出晾涼後切成塊即成。

Tips

此糕有理氣疏肝活血功效。

功效

健脾養血，利濕祛瘀。適用於脾氣虛弱型脂肪肝。

桂花性味甘、溫，可開胃理氣，化痰寬胸。赤小豆味甘、酸，性平，可利水消腫，解毒排膿。

Tips

多食難以消化吸收。

蠶豆糕

蠶豆250克，紅糖150克。

功效

利濕消腫，祛瘀降脂。適用於脾氣虛弱型脂肪肝及冠心病、高血壓病。

做法

將蠶豆用清水泡發，剝去皮後放入鍋中，加水適量，煮爛後加入紅糖，攪拌均勻，絞壓成泥，待冷。以乾淨的塑料瓶蓋或啤酒瓶蓋為模，將糕料填壓成餅狀，擺在盤內即成。

Tips

中焦虛寒者不宜食用，蠶豆過敏者禁食。

豆渣糕

糯米粉1000克，豆沙餡500克，白芸豆250克，紅糖100克。

功效

健脾養血，祛瘀降脂。適用於脾氣虛弱型脂肪肝及高血脂症、冠心病、高血壓病等。

做法

將白芸豆洗淨，放入冷水鍋中用大火煮開，再改用小火煮熟後撈出，用涼水浸泡30分鐘，然後搓掉豆皮，用清水漂洗乾淨，剁成豆渣備用。將糯米粉放在盆中，加水拌和均勻，上屜用大火蒸20分鐘後取出，分成兩塊，備用。將濕屜布放在案板上，取一塊糯米熟粉糰鋪上，用手蘸水拍子，厚約1.5厘米，再將豆沙餡均勻地鋪在上邊，將另一塊糯米熟粉糰也拍成同樣大小的片，蓋在上面，然後撒上芸豆渣，拍實約3.5厘米厚，切成小塊放在盤中。鍋內加入紅糖，加入適量水熬成糖汁，澆在豆渣糕上即成。

Tips

糖尿病患者不食或少食；由於糯米極柔黏，難以消化，脾胃虛弱者不宜多食；老人、小孩或病人更宜慎用。

赤豆沙佛手餃

麵粉、赤小豆各100克，玫瑰15克，白糖適量，豬油適量。

功效

健脾護肝，益氣養血。適用於各型脂肪肝。

做法

將赤小豆淘洗乾淨，用水浸泡後倒入鍋內，加水煮至熟爛，撈出用銅絲羅篩擦去豆皮，即成豆沙。炒鍋上火，加熟豬油燒熱，先放入白糖炒化，再加入豆沙，用小火翻炒，直至水分炒乾，再加糖、玫瑰，炒透，盛出晾涼，即成為餡料。麵粉加熱水拌勻，和成熱水麵糰，揉勻，放在案板上攤開晾涼，再揉勻揉透，置麵片刻，再稍揉幾下，搓成長條，揪成小麵劑，再擀成中間稍厚的圓形麵皮。將餡料包入麵皮裏，把口捏緊，放在案板上，再將捏口處壓扁，用刀在上面切上4刀，捏成5個手指狀，再將中間3個指頭向內捲起，即成佛手狀餃子生坯，包好後擺入小籠裏，呈環狀，中間放1隻，大火大汽蒸熟，原籠墊盤；直接上桌。

Tips

陰虛而無濕熱者及小便清長者忌食。

冬瓜豬肉蒸餃

冬瓜200克，豬瘦肉30克，麵粉100克，水發香菇5克，葱花5克，麻油、鹽、醬油各適量。

功效

降脂減肥，健脾利水。適用於脾氣虛弱型脂肪肝。

做法

將冬瓜切方塊，煮至六成熟撈起，切成黃豆粒大的丁，擠去水分。豬肉、香菇剁碎，加鹽、醬油、麻油，攪拌，放冬瓜拌勻。麵粉加溫水，揉透，搓成條，揪成12個麵劑，擀成麵皮，包入餡，大火蒸熟即成。

Tips

冬瓜性寒涼，脾胃虛寒易泄瀉者慎用；久病與陽虛肢冷者忌食。

菇筍白菜蒸餃

水發香菇5克，熟筍5克，蘑菇15克，大白菜150克，麵粉100克，麻油適量，鹽適量。

功效

降脂減肥，補充纖維素。適用於脾氣虛弱型脂肪肝及習慣性便秘。

做法

將大白菜入沸水鍋中汆熟，擠乾水分，切碎。再將香菇、熟筍、蘑菇洗淨後切成米粒狀，與白菜一同入盆，加麻油、鹽拌勻。麵粉加溫水揉勻，製成12個劑子，包入餡，蒸熟即成。

Tips

胃寒的人忌多吃。

鰻魚餃

鰻魚肉500克，豬肉300克，蝦乾20克，澱粉100克，醬油20克，味精2克，麻油、蔥花、鮮湯各適量。

功效

益氣補虛，活血通絡。適用於各型脂肪肝。

做法

將鰻魚去皮、骨，切成15克重的30個方塊，放案板上，用木棍在細澱粉上敲打成薄片，做餃子皮。魚肉切碎，剁成茸，蝦乾切成小粒，混合後與醬油、拌成肉餡。麵皮中包入餡料，捏成餃子形，入蒸籠中蒸熟取出。將鮮湯燒沸，調好口味，放入魚餃再煮5分鐘，撈出裝盤，撒上蔥花，淋上麻油即成。

Tips

對水產品過敏者，感冒、發熱、紅斑狼瘡患者忌食。

大麥黃豆煎餅

大麥仁500克，黃豆200克。

功效

寬中化積，活血化瘀。適用於脾氣虛弱型脂肪肝及高血脂症、高血壓病等。

做法

將大麥仁、黃豆分別去雜，洗淨，磨成稀糊後混勻。煎鍋燒熱，用勺盛稀糊入鍋，攤成一張張很薄的煎餅即成。

Tips

一次不可過量食用。

黑木耳豆麵餅

黑木耳30克，黃豆200克，紅棗200克，麵粉250克。

功效

益氣健脾，潤肺養心。適用於各型脂肪肝。

做法

將黑木耳洗淨，加水泡發，用小火煮熟爛成羹備用。黃豆炒熟，磨成粉備用。紅棗洗淨，加水泡脹後，置於鍋內，加適量水，用旺火煮開後轉用小火燉至熟爛，用筷子剔除皮、核後攪成紅棗糊。將紅棗糊、黑木耳羹、黃豆粉一併與麵粉拌勻，製成餅，在平底鍋上烙熟即成。

Tips

腎病、痛風、消化性潰瘍、動脈硬化、低碘者不宜食用。

豆粉雞蛋餅

黃豆粉150克，麵粉100克，玉米粉200克，雞蛋4個，紅糖15克，牛奶150毫升。

功效

滋陰養血，健脾益氣，散瘀降脂。適用於脾氣虛弱型脂肪肝及高血脂症、冠心病等。

做法

將黃豆粉、麵粉、玉米粉混合均勻，加入打勻的雞蛋液、牛奶和適量清水，和成麵糰，再做成油煎薄餅。紅糖入鍋，加水少量，熬成糖液，抹在油煎餅上，卷起即成。

Tips

黃豆性偏寒，胃寒者和易腹瀉、腹脹、脾虛者以及常出現遺精的腎虧者不宜多食。

豆素卷

油皮(腐竹)2張，鮮香菇80克，綠豆芽、冬筍、芹菜各80克，胡蘿蔔40克，植物油、鹽適量，白糖、醬油、澱粉、香菜各適量。

功效

健脾養血，清火降壓，補虛降脂。適用於肝經濕熱型脂肪肝及高血脂症、高血壓病等。

做法

將油皮抹淨攤開，用熱布蓋好，使其發軟。香菇、冬筍、芹菜切成絲，用調味料煨5分鐘。綠豆芽炒一下放好。將每張油皮切成兩半，放入香菇、冬筍、芹菜、綠豆芽，捲成長條，用少許澱粉封住兩端，再撒上澱粉，炸成金黃色。將炸好的油皮卷切成小段，在碟內排放好。可放上胡蘿蔔雕花、胡蘿蔔雕魚及香菜作裝飾。

Tips

腎炎、腎功能不全者最好少吃，否則會加重病情。

玉米窩窩頭

玉米粉500克，
黃豆粉250克，
小蘇打4克。

功效

健脾益氣，清熱解毒，祛脂降壓。適用於各型脂肪肝及冠心病、高血脂症、高血壓病等。

做法

將細玉米粉、黃豆粉放入盆內，混合均勻，逐次加入溫水及蘇打水，邊加水邊揉和，揉勻後用手蘸涼水，將麵糰搓條，分成若干小劑，並把每個小劑捏成小窩頭，使其內外光滑，似寶塔形。將做好的窩頭擺在蒸籠上，放進沸水鍋內，蓋嚴鍋蓋，用大火蒸15分鐘即熟。

Tips

豆糧合用，營養互補。

麩肉湯圓

小麥麩100克，豬瘦肉150克，
粟米粉、糯米粉各100克。

功效

補虛健脾，降糖降脂。適用於脾氣虛弱型脂肪肝及高血脂症等。

做法

將小麥麩炒黃，與剁成糜糊的豬瘦肉末混勻，加入適量蔥花、薑末、黃酒、麻油、鹽，拌和成肉餡，盛入碗中，備用。將粟米粉、糯米粉混合均勻，加清水適量揉搓成軟麵糰，分為20份，與肉餡包成湯圓，按常法煮熟即成。

Tips

一次不可過量食用。

山楂元宵

糯米粉1150克，麵粉100克，鮮山楂500克(或山楂糕300克)，核桃仁150克，芝麻100克，桂花鹵20克，糖粉500克，植物油、麻油各25克，玫瑰香精適量。

開胃消食，降低血脂。適用於脾氣虛弱型脂肪肝。

做法

將山楂洗淨，煮或蒸爛，晾涼後去皮、核，搗成泥(山楂糕可直接用)，與糖粉、麵粉混合，加入搗碎的核桃仁及其他配料，再加油拌勻，裝入木模框中壓平，壓實。脱模後切成1.8厘米見方的塊為餡。取平底容器，倒入糯米粉，用漏勺盛餡蘸水，倒入糯米粉中滾動，反覆多次成元宵後煮熟。

Tips

山楂只消不補，脾胃虛弱者不宜多食。

第九章

脂肪肝患者的茶飲

陳皮決明子茶

陳皮10克，決明子20克。

功效

燥濕化痰，清肝降脂。適用於各型脂肪肝。

做法

將陳皮揀去雜質，洗淨後晾乾或烘乾，切碎，備用。將決明子洗淨，敲碎，與切碎的陳皮同放入砂鍋，加水濃煎2次，每次20分鐘，過濾，合併2次濾汁，再用小火煮至300克即成。

食用方法：代茶飲。

陳皮味辛苦，性溫；能理氣和中，燥濕化痰，利水通便；決明子味甘苦，微寒；清肝明目，潤腸通便。

Tips

氣虛體燥、陰虛燥咳、吐血及內有實熱者慎服。

紅花陳皮茶

紅花（乾品）2克，鮮山楂30克，陳皮6克。

做法

將紅花洗淨後曬乾或烘乾，備用。將山楂除去果柄，洗淨，切成片，與紅花、陳皮同放入大杯中，用沸水沖泡，加蓋燜15分鐘即可。

食用方法：代茶，頻頻飲用，可連續沖泡3-5次，當日飲完。山楂片也可一道嚼食咽下。

薑黃陳皮茶

薑黃10克，陳皮10克，綠茶5克。

功效

此茶可活血行氣，散瘀降脂。適用於氣血瘀阻型脂肪肝。

做法

將薑黃、陳皮洗淨，曬乾或烘乾，薑黃切成飲片，陳皮切碎，與綠茶共研為粗末，一分為二，裝入綿紙袋中，封口掛線，備用。每次取1袋。放入杯中，用沸水沖泡，加蓋燜15分鐘即可。

食用方法：頻頻飲用，一般每袋可連續泡 3-5 次。

薑黃性溫味辛苦，歸肝、脾經，破血行氣，通經止痛；陳皮性溫味辛苦，歸脾、胃、肺經，理氣和中，燥濕化痰，利水通便；綠茶性微寒味甘苦，入心、肺、胃經。

Tips

氣虛體燥、陰虛燥咳、內有實熱者慎服。

功效

有消食導滯、祛瘀降脂之功效。適用於氣血瘀阻型脂肪肝。

紅花味辛性溫，歸心肝經，活血化瘀，通經；山楂活血化瘀，消脂減肥；陳皮燥濕健脾，理氣化痰。

Tips

孕婦慎用。

參葉茶

人參葉(乾品)2克，
綠茶3克。

功效

益氣健脾，化痰降脂。適用於脾氣虛弱型脂肪肝。

做法

將人參葉、綠茶曬乾或烘乾，共研成細末，一分為二裝入綿紙袋中，封口掛線，備用。每次取1袋，放入杯中，用沸水沖泡，加蓋悶15分鐘即可飲用。

食用方法：代茶頻飲。一般每袋可連續沖泡 3-5 次。

人參葉味苦微甘性寒，用於暑熱口渴、熱病傷津、胃陰不足、消渴、肺燥乾咳、虛火牙痛等；綠茶具有提神清心、清熱解暑、消食化痰、去膩減肥等作用。

人參葉可替代人參使用。

人參枸杞子茶

生曬參2克，枸杞子3克。

做法

將生曬參曬乾或烘乾，研成極細末，與洗淨後的枸杞子，裝入綿紙袋中，封口掛線，備用。

食用方法：代茶，頻頻飲用，可連續沖泡 3-5 次，當日飲完。

蟲草粉10克，銀杏葉15克。

功效

益腎滋陰，化痰定喘，降脂養心。適用於肝腎陰虛型脂肪肝。

做法

將銀杏葉15克洗淨，曬乾或烘乾，研成粗粉，與蟲草粉3克充分混合均勻，一分為二，裝入綿紙袋中，封口掛線，備用。每次取1袋，放入杯中，用沸水沖泡，加蓋燜15分鐘即成。頻頻飲服，一般每袋可連續沖泡3-5次。

食用方法：沖茶飲，每日2次。

銀杏葉性味甘苦澀平，歸心、肺，有益心斂肺、化濕止瀉等功效；蟲草粉可提高人體免疫力，增加抵抗。

Tips

銀杏葉不宜與茶葉和菊花一同泡茶喝。

功效

此茶有降脂、降壓等功效。適用於肝腎陰虛型脂肪肝。

生曬參性微溫味甘微苦，歸肺、脾經，大補元氣、補益脾肺、生津止渴、寧神益智；枸杞子性平、味甘，入肝、腎、肺經，養肝、滋腎、潤肺。

Tips

婦女經期停服，忌食蘿蔔、濃茶。

虎杖茶

虎杖4克，蜂蜜10毫升。

功效

此茶可祛瘀降脂。適用於氣血瘀阻型脂肪肝。

做法

將虎杖粗末4克洗淨，曬乾或烘乾，研成極細末，備用。每次取2克，倒入大杯中，用沸水沖泡，加蓋燜15分鐘，兑入10毫升蜂蜜，拌和均勻，即可頻頻飲用。

食用方法：可連續沖泡 3-5 次，當日飲完。

虎杖味苦，性寒，歸肝、膽、肺經。有活血止痛、清熱利濕、解毒、化痰止咳的功效。用於關節痹痛，濕熱黃疸，經閉，癥瘕，咳嗽痰多，水火燙傷，跌撲損傷，癰腫瘡毒等。

孕婦慎服虎杖茶。

丹參山楂麥冬茶

丹參、山楂片各10克，麥冬5克。

做法

將丹參切片，與山楂片及麥冬共放大茶杯內，沸水浸泡，燜30分鐘即成。

食用方法：代茶頻飲，可連續沖泡 3 次。

二子降脂茶

枸杞子30克，女貞子30克。

功效

滋補肝腎，散瘀降脂。適用於肝腎陰虛型脂肪肝。

做法

將枸杞子、女貞子洗淨，曬乾或烘乾，裝入紗布袋，紮口後放入大杯中，用沸水沖泡，加蓋燜15分鐘即可飲用，一般可連續泡3-5次。

食用方法：代茶飲。

枸杞子性平、味甘，入肝、腎、肺經，養肝、滋腎、潤肺；女貞子味甘苦、性涼，歸肝、腎經，補益肝腎、清虛熱、明目。

Tips

外邪實熱，脾虛有濕及泄瀉者忌服。

功效

有消脂祛瘀，養陰扶正之功效。適用於氣血瘀阻型脂肪肝。

丹參味苦性微寒，歸心、心包、肝經，有活血祛瘀、涼血消癰、養血安神的功效；山楂酸甘性微溫，歸脾、胃、肝經，有消食化積，活血散瘀的作用；麥冬味甘微苦性微寒，歸心、肺、胃經，有養陰生津，潤肺清心的作用。

Tips

孕婦慎服含丹參、山楂的茶飲。

金橘葉茶

金橘葉（乾品）30克。

功效

此茶適用於肝鬱氣滯型脂肪肝。

做法

將金橘葉洗淨、晾乾後切碎，放入砂鍋，加水浸泡片刻，用中火煎煮15分鐘，再用潔淨紗布過濾，去渣，取汁放入容器中即成。

食用方法：代茶頻頻飲用。

金橘葉性微寒味辛苦，入肝、脾、肺三經，可疏肝氣、開胃氣、散肺氣。

Tips

金橘葉疏肝而不傷陰。

決明降脂茶

生決明子15克，荷葉12克，澤瀉10克，茯苓10克，菊花6克，忍冬藤10克，薏米15克，玉米鬚10克。

做法

將上藥共置砂鍋內，加適量清水置中等火上煎煮，取400克汁。

食用方法：代茶飲，每日 1 劑，每日 2 次，連服 1-12 個月。

橘味海帶茶

橘子1/2個，海帶10克，麻油3克。

功效

有理氣解鬱、化痰降脂之功效。適用於肝鬱氣滯型脂肪肝。

做法

將海帶洗淨，再劃上幾刀，浸入100毫升涼開水。橘子去皮放入榨汁機中攪碎榨汁，然後加入麻油和海帶及浸泡的水，再攪成勻漿即成。

食用方法：代茶飲用。

海帶性平味甘，歸脾胃經，可益脾養中、生津止渴；橘皮燥濕健脾，理氣和中。

Tips

脾胃虛寒者忌食，身體消瘦者不宜食用。

功效

上述諸藥合用可降脂化瘀。適用於痰瘀交阻型脂肪肝。

決明子有清熱明目，潤腸通便瀉火的作用。

Tips

此茶可通治各種脂肪肝。

麥麩玉竹茶

麥麩50克，玉竹10克，甘草2克。

功效

有補虛健脾、生津止渴、降糖降脂之效。適用於肝腎陰虛型脂肪肝，對伴有糖尿病、高血脂症、高血壓病者尤為適宜。

做法

將玉竹去雜，洗淨後切片，曬乾或烘乾，研為細末，與麥麩充分混勻，一分為二，放入綿紙袋中，封口掛線，備用。

食用方法：代茶飲，每日2次，每次取1袋，用沸水沖泡。沖泡後頻頻飲用，每袋可連續沖泡3-5次。

麥麩補氣養血、斂汗止瀉；玉竹味甘、性平，歸肺胃經，滋陰潤肺、養胃生津；甘草性平味甘，歸十二經，補脾益氣、止咳潤肺、緩急解毒、調和百藥。

Tips

痰濕氣滯者禁服，脾虛便溏者慎服。

三七茶

三七3克，綠茶3克。

功效

此茶適用於氣滯血瘀型脂肪肝。

做法

將三七洗淨，曬乾或烘乾，切成飲片或研末，與綠茶同放入杯中，用沸水沖泡，加蓋燜15分鐘即成。

食用方法：代茶，頻頻飲用，可連續沖泡3-5次，當日飲完。當茶飲至最後，三七飲片還可放入口中嚼服。

三七性溫味甘微苦，歸肝、胃經，能止血、散瘀、消腫、止痛。和綠茶合用有活血化瘀、抗脂肪肝之效。

Tips

氣血虧虛所致的痛經、月經失調不宜選用。

第十章

防治脂肪肝的中藥方

黃精首烏湯

黃精12克，山楂10克，決明子10克，製何首烏10克，夏枯草15克。

功效

具有益腎補虛，降脂的功效。

做法

將中藥放入清水中浸泡30分鐘後，煎30分鐘即可。

服用方法：每日1劑，每劑煎2次。

黃精、山楂、決明子、製何首烏、夏枯草均有明顯的降低血脂，減少肝臟脂肪浸潤和抑制脂肪肝形成的作用，並能增強機體的體液免疫和單核吞噬細胞的吞噬功能。

Tips

在醫生指導下使用。

大柴胡加減湯

柴胡6克，黃芩10克，製半夏10克，芍藥12克，枳實6克，大黃3克，丹參15克，決明子10克，山楂15克。

做法

胸脅滿悶者，加鬱金、丹參；胸脅嘔噁者，加茯苓、陳皮；納減乏力者，加黃精、淮山；口乾、口苦、便秘者，加生地黃，大黃增量；肝區疼痛者，加川楝子、延胡索；肝功能異常者，加蒲黃、茵陳。將中藥放入清水中浸泡30分鐘，再煎30分鐘即可。

服用方法：每日1劑，每劑煎2次。

清肝化濁湯

茵陳10克，連翹10克，鬱金10克，澤瀉10克，決明子12克，丹參15克，蒼朮12克，半夏10克，黃芩10克，大黃3克。

功效

具有清肝活血、化濁降脂的功效。

做法

轉氨酶升高者，加垂盆草、崗稔根；肝區脹痛者，加延胡索、香附；大便溏薄者，去大黃，加炒白朮，炒薏米；血脂高者，加製何首烏、生山楂；倦怠乏力者，加黨參、黃芪，肝內光點密集、門靜脈增寬者，加莪朮、桃仁。將中藥放入清水中浸泡30分鐘，再煎30分鐘即可。

服用方法：每日1劑，每劑煎2次。

方中茵陳、黃芩、大黃清肝利膽；澤瀉、蒼朮、半夏燥濕化痰；鬱金、丹參活血化瘀；決明子清肝潤腸通便；連翹清熱解毒，散結消腫。

Tips

在醫生指導下使用。

功效

具有疏肝降脂，活血化瘀的功效。

柴胡、黃芩可改善肝臟脂質代謝，芍藥能促進血液循環，大黃長於抗凝降脂。現代藥理研究也證實，大柴胡湯中含有能調節促進膽固醇酯化的物質，促進內源性及外源性膽固醇與脂蛋白受體結合具有的作用。

Tips

在醫生指導下使用。

通腑化濁湯

厚樸10克，枳實6克，酒大黃3克，郁李仁10克，山楂12克。

功效

具有通腑泄熱，消食化濁的功效。胃火盛兼有食積的肥胖患者服之效佳。

做法

將中藥放入清水中浸泡30分鐘，再煎30分鐘即可。

服用方法：每日1劑，每劑煎2次。

大黃蕩滌胃腸，瀉下通便；枳實、厚樸通暢腑氣，消痞除滿，助大黃推蕩積滯、瀉下燥結；山楂消食健胃，活血化瘀，消一切飲食積滯，尤善消肉食積滯。山楂中的總黃酮能降低膽固醇、三醯甘油、β-脂蛋白血清含量，增加膽固醇的排泄。

Tips

在醫生指導下使用。

益腎降脂片

製何首烏、桑寄生、製黃精、澤瀉、山楂、丹參、僵蠶等適量。

功效

具有補益肝腎，化瘀散結的功效。

做法

取上藥製成益腎降脂片。

服用方法：適量服用。

腎精虧耗，水不涵木，肝失疏泄，血脂失於正化，積於血中為痰為瘀，若痹阻於肝，則成脂肪肝。何首烏能補肝腎，益精血；桑寄生、黃精補腎壯陽；丹參活血化瘀；澤瀉滲濕利水；山楂消食化積。

Tips

在醫生指導下使用。

健脾化痰湯

生黃芪15克，蒼朮12克，白朮12克，厚樸10克，半夏10克，丹參15克，澤瀉10克，生蒲黃10克，山楂10克。

功效

具有益氣健脾，消食化濁的功效。

做法

加減：肝區痛者，加鬱金、柴胡；噁心者，加竹茹；肝陰虛者，加女貞子、山茱萸；肝陽上亢者，加白蒺藜。將中藥放入清水中浸泡30分鐘，再煎30分鐘即可。

服用方法：每日 1 劑，每劑煎 2 次。

方中蒼朮、厚樸、陳皮燥濕去痰；加萊菔子可增強化痰之力；丹參、蒲黃、山楂能活血化瘀，降血脂；製何首烏、澤瀉能補精益腎利濕，並有顯著的降脂功能。

Tips

在醫生指導下使用。

脂肝樂

柴胡10克，鬱金10克，丹參15克，荔枝核10克，廣木香6克，香附10克，焦山楂15克，砂仁3克，決明子10克。

功效

具有疏肝健脾，軟堅散結的功效。

做法

將中藥放入清水中浸泡30分鐘，再煎30分鐘即可。

服用方法：每日 1 劑，每劑煎 2 次。

方中木香、砂仁、山楂健脾消積，溫中化濕；柴胡、香附、荔枝核、鬱金疏肝行氣；丹參活血化瘀散結；決明子清肝明目通便。諸藥同用，健脾治本，疏肝治標，軟堅散結，標本兼治，功效增強。

Tips

在醫生指導下使用。

肝脂平丸

柴胡6克，茵陳10克，丹參15克，山楂15克。

功效

具有疏肝健脾，活血消脂的功效。

做法

將中藥放入清水中浸泡30分鐘，再煎30分鐘即可。

服用方法：每日1劑，每劑煎2次。

方中柴胡疏肝理氣，茵陳清肝利膽，丹參活血散結，山楂消食化積。以該方治療大鼠脂肪肝動物模型也證實，治療後其大鼠肝臟內脂質含量明顯下降。

Tips

在醫生指導下使用。

通脈降脂膠囊

薑黃10克，大黃5克，白朮15克，太子參15克。

做法

將中藥放入清水中浸泡30分鐘，再煎30分鐘即可。

服用方法：每日1劑，每劑煎2次。

三仁湯

杏仁10克，飛滑石15克，白通草10克，白豆蔻仁3克，竹葉15克，厚樸10克，生薏米30克，半夏10克。

具有清熱利濕，宣暢濕濁的功效。

做法

將中藥放入清水中浸泡30分鐘，再煎30分鐘即可。

服用方法：每日 1 劑，每劑煎 2 次。

適用於濕熱壅滯的肥胖病患者。症見形盛體胖，頭暈，頭脹，眩暈，消穀善饑，肢體困重，口渴喜飲，小便熱赤，尿色黃。舌質紅苔微黃而膩，脈沉滑小數。杏仁中含有苦杏仁甙、脂肪油及多種氨基酸，對肥胖伴高血脂症患者有明顯療效，可減肥。薏米所含薏米素、薏米油等成分有降血脂和減肥作用。

Tips
在醫生指導下使用。

功效

具有活血消脂的功效。

薑黃中含薑黃素成分，能明顯降低肝內三醯甘油、游離脂肪酸和磷脂的含量，對血清總膽固醇、三醯甘油、極低密度脂蛋白和低密度脂蛋白以及血中游離脂肪酸的含量也有明顯降低作用，並可以提高血清高密度脂蛋白的含量；大黃中也含有蒽醌類、兒茶素類化合物、多糖、白藜蘆醇等成分，可抑制腸道膽固醇的吸收和促進膽固醇的排泄。

Tips
在醫生指導下使用。

消脂護肝湯

柴胡10克，枳實10克，丹參15克，澤瀉12克，生山楂15克，蒲黃10克，何首烏10克，海藻20克。

功效

具有疏肝和胃，活血消癥的功效。

做法

將中藥放入清水中浸泡30分鐘，再煎30分鐘即可。

服用方法：每日1劑，每劑煎2次。

方中澤瀉除水濕；山楂、丹參、蒲黃消瘀積；柴胡長於疏肝解鬱而升陽透熱，枳實行氣消痞而理脾導滯，一升一降，條達肝氣，疏散鬱熱；何首烏補肝腎、養精血，以防利濕傷陰耗血之弊。

Tips

在醫生指導下使用。

降脂益肝湯

澤瀉10克，生何首烏10克，決明子12克，丹參15克，虎杖10克，黃精15克，大荷葉15克，生山楂12克。

做法

腹脹者，加萊菔子；噁心重者，加半夏；右脅疼痛者，加白芍、龍膽；服藥後吐酸水者，加烏賊骨或減輕淮山劑量。將中藥放入清水中浸泡30分鐘，再煎30分鐘即可。

服用方法：每日1劑，每劑煎2次。

和肝化濁飲

陳皮10克，法半夏10克，柴胡6克，茵陳10克，虎杖15克，黃芩10克，白茯苓12克，蒼朮15克，白朮15克，鬱金10克，丹參15克，澤瀉10克，生山楂15克，甘草3克。

功效

具有和肝化濁，清熱祛痰的功效。

做法

多食善饑者，加黃連、知母。大便不暢者，加熟大黃；腹脹、便稀者，加烏梅、枳殼；體倦乏力者，加黨參、黃芪、薏米；血脂較高者，加決明子、何首烏。將中藥放入清水中浸泡30分鐘，再煎30分鐘即可。

服用方法：每日1劑，每劑煎2次。

方中陳皮、法半夏、茵陳、蒼朮、澤瀉、甘草以清熱祛濕化痰，白朮、茯苓、山楂健脾利濕，酌加鬱金、丹參疏肝活血散瘀，虎杖、黃芩清熱解毒。諸味相合，可使熱清濕除，痰無滋生之源，脾能健運，肝木條達，肝內痰瘀自消。

Tips 在醫生指導下使用。

功效

具有滋陰養血，清熱利濕的功效。

脂肪肝患者多有體胖、肝大、肝區不適、腹脹、乏力、尿黃、舌苔黃膩等症狀，提示肝經濕熱蘊結、瘀血阻滯為本病之主要病機。方中重用澤瀉滲濕利水；大荷葉升清降濁；決明子、虎杖清肝經之熱；丹參、生山楂行肝經之瘀血；以生何首烏、黃精滋養精血，使之祛濕而不傷陰，活血而不耗血。

Tips 在醫生指導下使用。

降脂清肝湯

澤瀉10克，川芎6克，大黃6克，生山楂15克，丹參12克，決明子10克，虎杖10克，梔子10克，何首烏12克。

功效

具有活血祛瘀，健脾降脂的功效。

做法

腹脹明顯者，加枳殼、炒萊菔子、檳榔；噁心明顯者，加清半夏、竹茹；肝區不適，右脅痛較重者，加川楝子、龍膽、赤芍；反酸者，減少山楂用量，加烏賊骨；轉氨酶升高者，加夏枯草、五味子。將中藥放入清水中浸泡30分鐘，再煎30分鐘即可。

服用方法：每日 1 劑，每劑煎 2 次。

方中重用澤瀉除濕利水降濁；大黃能活血祛瘀，通腑降濁，蕩滌腸胃，促進脂類排泄，減少腸道膽固醇吸收；川芎乃血中之氣藥，可助清陽之氣，與大黃同用，一升一降，升清降濁；山楂消食健脾散瘀血，丹參散肝經之瘀血；配梔子泄熱利濕，決明子、虎杖清肝經實熱，何首烏滋養精血。

Tips

在醫生指導下使用。

清肝散

生薏米30克，山楂15克，陳皮6克，決明子12克，澤瀉9克，黃芪15克，五味子6克，大黃6克。

做法

將中藥放入清水中浸泡30分鐘，再煎30分鐘即可。

服用方法：每日 1 劑，每劑煎 2 次。

益氣活血降脂方

黃芪15克，紅藤15克，茵陳10克，製大黃3克，虎杖15克，澤瀉15克，炙甘草3克。

功效

本方具有益氣活血、降血脂、通血脈的功效。

做法

將中藥放入清水中浸泡30分鐘，再煎30分鐘茵陳、製大黃、虎杖、澤瀉等現代醫即可。

服用方法：每日1劑，每劑煎2次。3個月左右為一個療程。可用2個療程。

黃芪益氣通脈，紅藤、茵陳、製大黃、虎杖、澤瀉等現代醫學發現有活血、降脂等作用。可用於防治脂肪肝以及血管神經病變。

Tips

在醫生指導下使用。

功效

具有利水去濕，健脾降脂的功效。

薏米、澤瀉為利水滲濕藥，有降脂、抗脂肪肝、利尿、降血壓和降血糖等作用。大黃、決明子清肝利膽，攻積導滯，活血祛瘀，能干擾脂質合成和抑制總膽固醇的沉澱。黃芪補中益氣，有強心利尿，改善血液循環，調節免疫和內分泌功能；五味子斂肺滋腎陰，生津斂汗，寧心安神，保護肝功能；山楂、陳皮健脾理氣，燥濕化痰，消食化積，散瘀行滯，有加速血脂清除之功。

Tips

在醫生指導下使用。

大黃蟲丸

製大黃6克，乾地黃10克，白芍10克，柴胡10克，甘草3克，桃仁9克，杏仁9克，水蛭10克，土鱉蟲10克。

具有補血活血，通絡降脂的功效。

做法

將中藥放入清水中浸泡30分鐘，再煎30分鐘即可。

服用方法：每日 1 劑，每劑煎 2 次。

肥胖性脂肪肝以體胖、肝大、腹脹、乏力、舌苔厚膩、脈弦滑等為特點，多有嗜食肥甘史，辨證為濕熱痰瘀阻滯所致。故以大黃蟲丸活血通絡，祛瘀生新，改善肝臟的血液循環，減少腸道脂肪吸收，糾正脂質代謝失調，從而可達到促進肝內脂肪消退之功。

Tips

在醫生指導下使用。

降脂複肝湯

生山楂15克，製何首烏12克，丹參15克，益母草15克，決明子10克，菊花12克，白芍12克，醋柴胡10克。

功效

具有清肝明目，活血降脂的功效。

做法

將中藥放入清水中浸泡30分鐘，再煎30分鐘即可。

服用方法：每日 1 劑，每劑煎 2 次。

方中柴胡、白芍、菊花、決明子疏肝清熱；益母草、丹參、山楂行肝經之瘀；製何首烏益精血而不傷陰，現代研究表明，柴胡、決明子、丹參、山楂、製何首烏等有降低血脂，減輕肝內脂肪浸潤的作用。

Tips

在醫生指導下使用。